Niuyang Changjianbing
Zhenduan Fangzhi Caise Tuce

牛羊常见病诊断防治
彩色图册

杨 磊 王金玲 刘永宏 赵 丽 著

CNS | K 湖南科学技术出版社

U0343344

图书在版编目（ＣＩＰ）数据

牛羊常见病诊断防治彩色图册 / 杨磊等著. -- 长沙:湖南科学
技术出版社，2018.5
ISBN 978-7-5357-9737-7

Ⅰ．①牛… Ⅱ．①杨… Ⅲ．①牛病－诊疗－图谱②羊病－诊疗－图谱
Ⅳ．①S858.23-64②S858.26-64

中国版本图书馆 CIP 数据核字 (2018) 第 050391 号

牛羊常见病诊断防治彩色图册
著　　者：杨　磊　王金玲　刘永宏　赵　丽
责任编辑：李　丹
出版发行：湖南科学技术出版社
社　　址：长沙市湘雅路 276 号
　　　　　http://www.hnstp.com
印　　刷：湖南省汇昌印务有限公司
　　　　　（印装质量问题请直接与本厂联系）
厂　　址：长沙市开福区东风路福乐巷 45 号
邮　　编：410003
版　　次：2018 年 5 月第 1 版
印　　次：2018 年 5 月第 1 次印刷
开　　本：880mm×1230mm　1/32
印　　张：3.5
字　　数：100000
书　　号：ISBN 978-7-5357-9737-7
定　　价：28.00 元

前　言

我国农业生产和农村经济快速发展，农业经济的支柱产业畜牧业也发展迅速，伴随着养殖数量的增加和养殖形式的变化，各种动物疾病随之增多，病情也越来越复杂化，每年由于动物疾病的发生和死亡所造成的经济损失十分巨大，严重地制约了畜牧业的发展。所以，兽医诊断和防治技术显得越来越重要。要想保证畜牧业健康发展，有效防控动物疾病，必须首先建立正确的诊断，再进行一系列的防治措施。

为了使基层畜牧兽医工作者和动物养殖专业人员能较快学习并掌握动物常见病的基础知识和临床诊疗技术，湖南科学技术出版社决定组织编写《牛羊常见病诊断防治彩色图册》，这是很有意义的举措。本书编写工程的启动，旨在提高我国动物疾病防控工作的质量，促进畜牧业的健康发展，为养殖业和农牧民增收贡献力量。

《牛羊常见病诊断防治彩色图册》主要收录了牛羊常见病和多发病，不仅将危害严重的传染病与寄生虫病作为重点，而且包括日益受到重视的肿瘤病和普通病。牛、羊均属于反刍动物，虽有些疾病是牛或羊特有的，但许多疾病是共患的，其内容基本是相同的，可以相互参阅，所以本书没有将牛病和羊病分别编入，而是按照牛羊常见细菌病、寄生虫病、病毒病、肿瘤和其他疾病进行编写的。本书图文并茂，重点介绍了生产实际中经常发生的牛羊常见病的诊断与防治技术。书中展示的彩色实物图片，表明常见牛羊病的临床症状及剖检特点，并配以简洁文字，内容通俗易懂、总结性强，突出实践性和应用性。本书可作为各级兽医临床诊疗和检验工作者及广大牛羊养殖户及养殖技术人员的重要工具书。书中所介绍的诊断技术，只要认真对比分析，多加总结，即能操作和应用。

本书所用图片大部分是编者生产实践中拍摄的，部分来自于同事馈赠和文献资料，由于编写过程中引用参考文献包括电子和网络文献等数量较多，但篇幅所限，不能一一列出，在此特向有关图片馈赠者和文献作者表示歉意，并致以衷心感谢！

最后，需要指出的是必须遵守用药安全注意事项，随着最新研究和临床经验的发展，知识也不断更新，治疗方法和用药也必须或有必要做出相应的调整。建议读者使用每一种药物之前，参阅厂家提供的产品说明以确认推荐的药物用量、用药方法和所需用药时间及禁忌等。兽医有责任根据经验和对患病动物的了解决定用药量和选择最佳治疗方案，出版社和作者对任何在治疗中所发生的财产损失不承担任何责任。

由于科学发展日新月异，政策随着社会事物的变化而不断修订，知识更新速度加快，而编者水平、时间有限，因此本书必有疏漏之处，恳请广大读者提出批评改正意见。

目　录

牛羊常见病诊断防治彩色图册

第一章　常见病毒病

第一节　绵羊痘

绵羊痘，是绵羊痘病毒引起的一种热性接触性传染病，呈流行性。特征为全身皮肤、某些部位黏膜和一些内脏出现特异的痘疹，可见到典型的斑疹、丘疹、水疱、脓疱和结痂等病理过程，病羊发热并有较高的死亡率。国际兽疫局（OIE）将本病规定为必须报告的疫病，我国农业部将其列为一类动物疫病。

【病原】

本病的病原绵羊痘病毒属痘病毒科、山羊痘病毒属，双股DNA病毒。该病毒是一种亲上皮性病毒，大量存在于病羊的皮肤、黏膜的丘疹、脓疱及痂皮内。鼻黏膜分泌物也含有病毒，在血液内仅在发病初期，体温上升时有病毒存在。病毒对热的抵抗力不强，55℃20分钟或37℃24小时，均可使病毒灭活。病毒对寒冷及干燥的抵抗力较强，冻干可保存3个月以上。病毒在毛中保持活力可达2个月。

【流行病学】

最初是由个别羊发病，以后逐渐蔓延全群。在自然情况下，绵羊痘仅发生于绵羊，不能传染给山羊或其他家畜。不同品种、性别、年龄的绵羊均易感，细毛羊较粗毛羊更易感，病情也较后者重。羔羊较老龄羊敏感，病死率亦高。妊娠母羊易引起流产。

本病主要通过呼吸道感染，也可通过损伤的皮肤或黏膜侵入机体。饲养管理人员、护理用具、皮毛产品、饲料、垫草和外寄生虫等都可成为传播的媒介。

本病不分季节，但主要在冬末春初流行，气候严寒、雨雪、霜冻、枯草和饲养管理不良等因素都可促使本病的发生和病情加重。成年羊病死率20%～50%。羔羊病死率可达80%～100%。

【临床症状】

潜伏期为6～8天。

典型羊痘分前驱期、发痘期、结痂期。病初体温升高，达41℃～42℃，呼吸加快，结膜潮红肿胀，流黏液脓性鼻汁。经1～4天后进入发痘期。痘疹多见于无毛部或被毛稀少部位，如眼周围、唇、鼻、颊、四肢和尾内侧、阴唇、乳房、阴囊和包皮上。先呈圆形红斑，1～2天后形成灰白色丘疹，突出皮肤表面，质度坚实，周围有红晕；随后丘疹逐渐增大，变成灰白色或淡红色半球状的隆起结节；结节在几天内变成水疱，再经2～3天后变成脓疱。此时体温再度上升，一般持续2～3天。在发痘过程中，如果没有其他病菌继发感染，脓疱破溃后逐渐干燥，形成棕色痂皮，即为结痂期，痂皮脱落遗留一个红斑，最后颜色逐渐变淡痊愈。

非典型病例，不易见到上述典型症状和经过，仅出现体温升高，呼吸道和眼结膜渗出物增多，不出现或出现少量痘疹，或痘疹出现硬结，在几天内干涸后脱落，不形成水疱或脓疱，俗称"石痘"，此为良性经过，即顿挫型绵羊痘病。易感性高的病例可见痘疹内出血，呈黑色或褐色痘（黑痘）。有的病例痘疱发生化脓，脓疱融合形成大的融合痘（臭痘），脓疱伴发坏死形成相当深的溃疡，具有恶臭味，呈恶性经过。重症病羊常继发肺炎和肠炎，导致败血症或脓毒败血症而死亡。

【眼观病变】

在绵羊尸体的外部可以看到皮肤上的痘疹，但也有皮肤上不出现痘疹，而内脏出现病变的。

特征性病变表现为皮肤痘疹和内脏痘疹。皮肤痘疹多发生于四肢内侧、乳房周围、尾根部和鼻唇，痘疹可呈现大小不一的红斑、丘疹和结痂；内脏痘疹可见于咽喉、气管、肺脏、肾脏、胃和心脏等部位，痘疹呈灰白色大小不等的圆形或扁圆形结节状，

图1-1 病羊耳部皮肤见大量大小不一、圆形痘疹

质度硬实。有些痘疹表面破溃形成糜烂和溃疡，特别是唇黏膜与胃黏膜表现更明显。

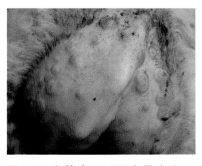

图1-2 病羊腹下可见大量大小不一、圆形或椭圆形灰红色丘疹

图1-3 病羊乳房及四肢内侧皮肤见大量大小不一、圆形灰红色丘疹

图1-4 病羊左前肢内侧见大量大小不一、圆形痘疹

图1-5 病羊肛门周围和尾根部皮肤见大量大小不一、圆形或不规则形灰红色痘疹

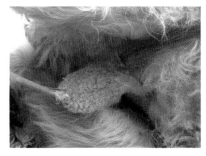

图1-6 病羊阴囊周围见大量大小不一、圆形灰红色痘疹

图1-7 病羊鼻唇部皮肤见数个大小不一、圆形灰红色丘疹

图1-8 病羊全身皮肤脓疱破溃后形成结痂，有的区域结痂连接成片

【诊断】

典型病例可根据临床症状、病理变化和流行情况做出诊断；非典型病例可综合不同个体发病情况做出初步诊断，可结合痘疹内病变的皮肤表皮细胞浆内红染的病毒包涵体检查和其他实验室方法确诊。

【治疗方案及应对措施】

加强饲养管理，提高机体抵抗力。病死羊严格消毒并深埋。定期给羊接种绵羊痘鸡胚化弱毒疫苗，每只羊尾部或股内侧皮下注射0.5毫升，注射后4~6天可产生免疫力，免疫期1年。

第二节　山羊痘

山羊痘是由山羊痘病毒引起的急性接触性传染病。以皮肤、某些部位黏膜和一些脏器发生丘疹-脓疱性痘疹为特征。OIE将该病规定为必须报告的疫病，我国农业部将其列为一类动物疫病。

【病原】

山羊痘病毒为痘病毒科山羊痘病毒属成员。该病毒能在羔羊睾丸组织细胞内繁殖，具有细胞致病作用，并在细胞浆内形成包涵体。在发育的鸡胚绒毛尿囊膜上可产生痘斑。

【流行病学】

山羊痘病毒在自然条件下，以感染山羊为主，少数毒株可感染绵羊。发病率和死亡率较低，病死率仅5%。

本病可通过直接接触或间接接触感染。

【临床症状】

自然感染病例潜伏期为6~7天，病初病羊体温高达40℃~42℃，精神不振、食欲减退或完全停食。常拱背，发抖，呆立一边或卧地上。呼吸急迫，从鼻腔或眼角流出脓样分泌物，有时发生轻度咳嗽。在皮肤无毛处和被毛少的部位发生痘疹，有的出现在头部、背部、腹部的毛丛中。丘疹迅速发展，形成水疱，内含黄色透明液体，然后化脓，发出恶臭气味。经十几天后，痘疹表面干燥，形成痂皮，经过3~4周痂皮脱落。但恶性病例经2~3周死亡。

痘疹若侵入眼角膜时，可发生角膜炎，如果角膜不发生溃疡，会逐渐恢复。

【眼观病变】

无毛、少毛部位出现痘疹，也可以发生于头部、背部、腹部有毛丛的皮肤，痘疹大小不一，圆形，经红斑—丘疹—坏死结痂—痂皮脱落的过程。眼的痘疹见于瞬膜、结膜和巩膜。此外，痘疹偶见于口腔和上呼吸道黏膜、骨骼肌、子宫黏膜、乳腺和其他内脏。

a

b

c

d

图 1-9 山羊痘最好发的部位是皮肤，特别是眼睑（a）、口鼻周围（b）、耳郭（c）、阴囊周围（d）、阴门和肛门周围（e）等部位皮肤，痘疹不同时期形态不一致，大小不一，扁平或凸出于表皮，圆形或不规则形，颜色为红色、灰白色或紫红色，后期糜烂或溃疡，形成结痂

e

图 1-10 病羊在头、颈、胸、腹、臀部等皮肤有毛的部位也可见大量的痘疹

图 1-11 病羊在舌黏膜表面可见多个痘疹，痘疹破溃，相互融合

图 1-12 病羊唇部可见痘疹，痘疹破溃，相互融合

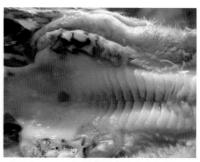

图 1-13 病羊软腭部黏膜可见痘疹，痘疹破溃，形成溃疡

图1-14 病羊肺脏表面可见多个暗灰色或褐色大小不等的圆形结节状硬实的痘疹

图1-15 病羊肝脏表面散在分布灰白色粟粒大小或黄豆大小的扁平结节状痘疹

图1-16 病羊肾脏表面弥散分布灰白色扁平的结节状痘疹，有的痘疹已相互融合

【诊断】

根据典型临床症状和病理变化可做出诊断，非典型羊痘，确诊需进一步做实验室检查。

【治疗方案及应对措施】

采用疫苗接种预防，细胞弱毒疫苗对山羊安全有效，免疫效果确切，0.5毫升皮内或1毫升皮下接种效果好。平时加强饲养管理，抓好秋膘，特别是冬春季节适当补饲，注意防寒过冬。一旦发现病畜，立即向上报告疫情，按《中华人民共和国动物防疫法》规定，采取紧急、强制性的控制和扑灭措施。扑杀病羊深埋尸体，畜舍、饲养管理用具等进行严格消毒，污水、污物、粪便无害化处理，健康羊群实施紧急免疫接种。

第三节　小反刍兽疫

小反刍兽疫是由小反刍兽疫病毒引起的小反刍兽的一种严重的急性、烈性、接触性传染病。其特征是发病急骤、高热稽留、眼鼻分泌物增加、口腔糜烂、腹泻和肺炎。据报道，我国西藏于2007年首次发生本病，2013年底新疆暴发小反刍兽疫，后中国多地相继报道存在该病。OIE将该病规定为必须报告的疫病，我国农业部将其列为一类动物疫病，《国家中长期动物疫病防治规划（2012—2020年）》将其列为重点防范的外来动物疫病。

【病原】

小反刍兽疫病毒属于副黏病毒科麻疹病毒属，只有一个血清型，基因组为单股负链无节段RNA。根据N或F基因片段核苷酸序列，可将其分为4个基因系，中国致病性毒株属于基因Ⅳ系。本病毒对热、紫外线、干燥环境、强酸强碱等非常敏感，因此不能在常态环境中长时间存活。

【流行病学】

小反刍兽疫病毒主要感染山羊和绵羊等小反刍兽，山羊比绵羊易感，其中欧洲品系的山羊更为易感；幼龄动物易感性较高，哺乳期的动物抵抗力较强。猪和牛也可以感染小反刍兽疫病毒，但通常无临床症状，也不能够将其传染给其他动物。也有骆驼等大型反刍动物和野生动物感染的临床报告。

传染源主要为患病动物和隐性感染动物，处于亚临床状态的羊尤为危险，通过其眼、鼻和口腔分泌物以及排泄物等可经直接接触或呼吸道飞沫和污染的水料等间接方式传播。此外，感染动物的精液或胚胎中也发现存在小反刍兽疫病毒。

小反刍兽疫多发生在雨季以及干燥寒冷的季节。

在易感群中，发病率可达100%，病死率在20%～100%不等，严重暴发时致死率为100%，中等暴发时致死率不超过50%。老疫区散发，易感动物增加时可发生流行。

【临床症状】

潜伏期为4～6天，最长可达21天。感染动物高热41℃以上，稽留5～8天。病畜初期精神沉郁，反应迟钝，食欲减退，被毛零乱，鼻镜干燥，口鼻分泌黏脓性分泌物，呼出恶臭气体。病畜在发病后1～2天，口腔黏膜、齿龈和眼睛黏膜潮红，口腔内出现广泛性损害，致使分泌物增多；随后，齿龈、腭、唇、舌、颊等部位黏膜弥漫大小不等的灰白色溃疡灶。后期常出现腹泻，开始粪便稀软，然后发展为水样腹泻，并伴有难闻的恶臭味，严重者粪便伴有肠黏膜碎片和血液。此时病畜多表现有呼吸困难、鼻孔开张、张口伸舌伴有咳嗽，眼球凹陷，胸部啰音以及腹式呼吸。发病5～10天后，病畜脱水衰竭而死。有些动物经过较长一段时间可耐过恢复。

【眼观病变】

患病动物口腔黏膜、眼睑黏膜和齿龈潮红，继而发展为黏膜广泛性损伤，出现不规则的灰白色糜烂斑。初期多在下齿龈周围出现小面积坏死，严重病例迅速蔓延到唇、齿垫、腭、颊、舌、咽、喉和食管上1/3处。咽、喉和食管呈条索状糜烂。口、鼻周围和下颌皮肤可见结节。

皱胃常出现规则、有轮廓的出血、坏死和糜烂病灶，切面见红色出血点。小肠中度损伤，有少量的出血条纹；回肠、盲肠、盲-结肠交界处和直肠表面严重出血、糜烂和溃疡，特别在结肠和直肠结合处出现特征性的线状、条带状出血或呈"斑马纹"样特征。

肺脏和支气管黏膜表面有出血点，呼吸道黏膜坏死、增厚。气管内可见大量泡沫状血样液体。常继发巴氏杆菌感染，肺脏呈暗红色或紫色，触摸质度变实呈肝样变，切面有黄色液体渗出，有的病例切面可见多灶性化脓灶，主要见于肺脏尖叶和心叶。肺脏表面有纤维素样物质，肺脏与胸膜粘连。同时可见肺气肿和胸腔积液。

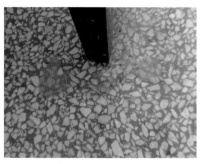

图1-17 病羊鼻腔有较多黏脓性分泌物（左），分泌物恶臭，呈污黑色（右）

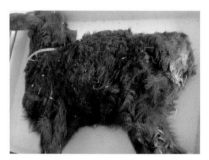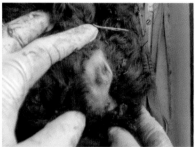

图1-18 病羊被毛零乱、干燥，肛门周围黏有稀便和污物（左），肛门周围皮肤和肛门黏膜潮红（右）

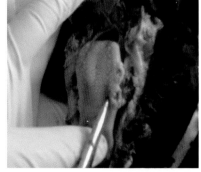

图1-19 病羊齿龈（左）、舌（右）等部位黏膜灰红色，表面出现大小不等溃疡灶或形成灰红色结节状

牛羊常见病诊断防治彩色图册

图1-20 病羊口腔黏膜明显肿胀，出现大小不等灰白色溃疡灶或形成灰红色结节状

图1-21 气管环间可见点状、片状或条带状暗红色病变区，黏膜面附有大量灰白色泡沫性液体

图1-22 病羊肺脏表面富有光泽，且出现暗红色或紫色肺炎区，质度较硬；肺炎区边缘可见略凸起的灰白色代偿性肺气肿病变（左）。继发细菌感染，出现肺脏与胸内壁粘连现象（右）

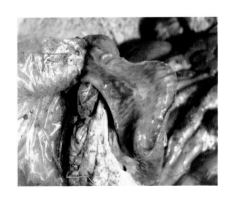

图1-23 病羊网胃、瘤胃、瓣胃很少出现明显眼观病变，皱胃常见规则、有轮廓的糜烂，创面鲜红色；小肠多有中度损伤，有少量红色条纹；大肠黏膜可见红色斑点；回盲瓣区、盲-结肠交界处以及直肠表面暗红色区域明显，尤其盲-结肠交界区表现为特征性的线状或斑马状红色条纹病变

【诊断】

根据该病的流行病学、临床症状和剖检病变可做出初步诊断，PPRV可在上皮细胞和多核巨细胞中形成具有特征性的嗜酸性胞浆内病毒包涵体，有时可见核内包涵体，这种病变具有诊断价值。疑似本病，可取病料送中国动物卫生与流行病学中心国家外来动物疫病诊断中心国家小反刍兽疫参考实验室进行确诊。

【防控措施】

针对不同区域采取不同防控措施。无PPR地区：根据国家农业部统一部署加强牲畜饲养管理，宣传疫情的政策并实施严格的检疫、消毒制度；严禁从存在本病的国家或地区引进相关活体动物及其产品；严密监控本地区易感野生动物的活动；建立边境疫情监测站，对野生动物进行实时监控。存在PPR地区：平时做好预防接种和消毒工作，预防疫病的发生和流行。发现可疑疫情，应按规定立即上报，实行隔离封锁措施。发现疑似病畜必须及时采集样品送参考实验室进行确诊。一旦发现疫情，根据《小反刍兽疫防治技术规范》，按照"早、快、严、小"的原则，采取封锁、扑杀、检疫、消毒和无害化处理及疫源的追踪调查和处理等综合防控措施，及时、有效、彻底地在最小范围内控制和扑灭疫情。疫区及受威胁区的易感动物紧急进行小反刍兽疫Nigeria75/1弱毒活疫苗的预防接种。

第四节　口蹄疫

口蹄疫是由口蹄疫病毒引起的一种急性、高度接触性、热性人兽共患传染病，主要侵害牛、羊、猪等偶蹄类动物。本病引起的经济损失大，是全世界普遍关注的动物传染病。其临床特征是在口腔黏膜、趾间、蹄冠及乳房等处皮肤形成水疱和烂斑。本病传播迅速，流行面广，成年动物多呈良性经过，幼龄动物多因心肌受损而病死率较高。目前，口蹄疫为国际贸易必检的动物疫病和OIE要求必须报告的疫病之一，我国将其列为一类动物疫病。

【病原】

口蹄疫病毒属微RNA病毒科口蹄疫病毒属，病毒可分为O型、A型、C型、南非Ⅰ型、南非Ⅱ型、南非Ⅲ型和亚洲Ⅰ型7个不同的血清型。目前，在我国存在的口蹄疫毒株主要为O型、亚洲Ⅰ型和A型。病毒具有多型性、易变异的特点，各血清型间无交叉免疫性，但在临床症状方面的表现却相同。

口蹄疫病毒对外界环境和理化因素抵抗力不强，常规消毒方法和药物均有明显效果，如1.5%左右的氢氧化钠1分钟内可将病毒杀灭。72℃15分钟即可杀死病毒。紫外线照射也有较好的杀灭病毒效果。

【流行病学】

病牛和潜伏期牛是最危险的传染源，病畜的涎液、水疱液、乳汁、尿液、泪液和粪便中均含有病毒，可污染周围环境和器具。口蹄疫病毒主要感染偶蹄动物，牛、猪和绵羊均易感，山羊、驯鹿和骆驼也可感染，也有人感染的报道。感染途径主要是消化道和呼吸道，通过直接接触和间接接触传播。病毒粒子从病畜呼出的气体和含毒污物尘屑进入空气形成含病毒的气溶胶，存在牛场空气中，可以迅速引起整个牛群感染。含病毒的气溶胶也可通过风的作用传播到其他地区引起动物感染而发病。本病发生无明显的季节性，潜伏期短，传播迅速，发病率高，成年牛死亡率低，犊牛死亡率高。

【临床症状】

根据病变特征和危害程度可将口蹄疫分为良性口蹄疫和恶性口蹄疫。

良性口蹄疫多是成年牛发生，体温升高，可达41℃，明显流涎。鼻镜、齿龈、舌黏膜、趾间皮肤和乳头初期出现肿胀和水疱，后水疱逐渐破溃形成糜烂、溃疡和结痂。可出现腹泻症状，严重时排黑红色带血的稀便。

恶性口蹄疫主要是犊牛发生，可无明显临床症状而突然死亡，有的病牛也可先出现精神沉郁后很快死亡。

【眼观病变】

良性口蹄疫：鼻镜、齿龈、舌黏膜、趾间皮肤和乳头发生肿胀、水疱、糜烂、溃疡和结痂。瘤胃黏膜肉柱沿线无绒毛处可见多个大小不等的溃疡灶，真胃黏膜弥散分布出血或溃疡灶，出血性肠炎。

恶性口蹄疫：主要病变为"虎斑心"，即变质性心肌炎，因部分心肌变性和坏死呈灰白色或黄白色，使红色的心脏表面和切面出现灰白色或黄白色斑点、条索和斑块，形似虎皮的花纹。典型病例还可见变质性骨骼肌炎，即在病死牛的股部、肩胛部、前臂部和颈部的肌肉切面可见灰白色或灰黄色条纹与斑点。

图1-24 病牛明显流涎，从口腔流出大量白色涎液

图1-25 病牛口腔黏膜糜烂和溃疡，明显流涎

图1-26 病牛鼻镜部糜烂和溃疡

图1-27 病牛舌尖部溃疡

图1-28 瘤胃肉柱黏膜出现大小不等的溃疡灶

【诊断】

良性口蹄疫易诊断，可根据流行病学和临床症状进行初步诊断。恶性口蹄疫不易诊断，可通过临床症状、"虎斑心"病变和组织病理学检查进行初步诊断。本病的确诊需要进行实验室检查，常用的实验室确诊方法主要是血清学方法和分子生物学方法。

【防控措施】

我国当前对牛口蹄疫的预防主要以疫苗免疫为主。针对我国流行的是O型、亚洲Ⅰ型和A型口蹄疫毒株，因此只有对这三种毒株都进行疫苗免疫，才有较好的保护效果。牛口蹄疫疫苗必须使用农业部批准使用的产品，还要动物防疫监督机构统一组织、逐级供应。免疫程序要科学合理，必须建立完整的免疫档案。各级动物防疫监督机构要定期对免疫牛群进行免疫抗体水平监测。

口蹄疫疫苗的保护期为6个月，因此，我国多数地区采用春、秋两季统一进行免疫。但在临床实践中，由于不同批次间疫苗可能存在质量不稳定，运输和保存不当等因素，一年免疫2次疫苗的效果不理想。因此有些养牛集团采用一年3次免疫，即每4个月免疫一次，免疫效果明显。具体免疫可结合当地具体情况来参考下面的免疫程度。初生犊牛90日龄左右初免牛O型和亚洲Ⅰ型口蹄疫二联苗，同时或间隔15天再注射A型口蹄疫疫苗。初免后间隔1个月再强化免疫一次，以后每隔4个月免疫一次。配种前1个月再注射一次。

第五节　牛狂犬病

狂犬病，又名恐水症，是由狂犬病病毒引起的以急性、渐进性和致死性脑炎为特征的严重的人畜共患传染病。人及所有温血动物都能感染发病。本病致死率高，发病后100%死亡。OIE将其列为必须报告的疫病之一，我国将其列为二类动物疫病。

【病原】

狂犬病病毒属弹状病毒科狂犬病病毒属，是不分段的单股负链RNA包膜病毒；病毒呈子弹形或试管形。RABV对外界环境和理化因素抵抗力低，75%乙醇、2%碘酊、1%～2%肥皂水、pH<3和pH>11的环境以及日光、紫外线等均可使其灭活。

【流行病学】

本病的传染源主要是患病的和潜伏期带毒的犬科动物，如犬、狼、狐等，其中流浪犬危害最大。所有温血动物均对狂犬病病毒易感。牛狂犬病主要的传播途径是被患病的和潜伏期带毒的犬咬伤，其次是经呼吸道黏膜和口腔黏膜途径感染。本病一般呈散发性流行，一年四季均可发生。

【临床症状】

牛狂犬病的潜伏期一般为1～3个月。伤口越靠近头部或伤口越深，发病越快，发病率越高。主要的临床症状包括流涎，流泪，红眼球，眼结膜发绀，痛苦嚎叫；发病牛兴奋，狂躁不安，乱跑，顶人、顶牛、顶墙和顶机械设备，对外界刺激反应特别敏感；后期后肢麻痹，不能站立，呼吸和吞咽困难，瘫痪，角弓反张，伸舌。有的发病牛兴奋与沉郁交替出现。病程长短不一，多数病牛病程为2～3天。有的牛在整个病程仅表现抑郁症状。

图1-29 病牛四肢麻痹，不能站立，表现惊恐状

图1-30 病牛咬肌麻痹，咬住绳子

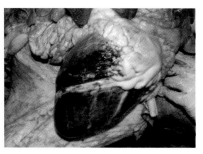

图 1-31 病牛流涎，口鼻有大量白色 图 1-32 病程为 9 小时，死亡的牛心
泡沫样液体 外膜严重出血

【眼观病变】

大脑水肿，轻度变软，脑水肿液增多，颅腔内出现大量淡黄色液状或胶冻状水肿液。心脏横径增宽，偶见个别病死牛心内膜和外膜有出血斑点。肺脏可出现不同程度的肺气肿和偶见小出血斑点。其他器官眼观无明显病变。

【诊断】

根据临床上出现典型的神经症状可进行初步诊断，确诊需进行实验室诊断。目前对狂犬病的确诊常采用 3 种方法，即脑的组织病理学检查神经细胞内的狂犬病病毒包涵体，新鲜脑组织爬片的直接免疫荧光试验（DFA）和脑组织的 RT-PCR。

【防控措施】

牛场杜绝野犬、病犬及不免疫的犬类进入，加强犬类管理。针对规模化牛场应建立无犬牛场，加强牛场的饲养管理，密闭牛场围栏，以防场外野犬进入牛场；牛场尽可能不养狗，如果养狗，要将其拴好。

疫区和受威胁区的牛只可用狂犬病弱毒疫苗进行免疫接种。

第六节　绵羊肺腺瘤病

绵羊肺腺瘤病是由绵羊肺腺瘤病毒引起的一种慢性、进行性、接触传染性的肺脏肿瘤性疾病，也称驱赶病，山羊也可感染。病羊以咳嗽、呼吸困难、消瘦、大量的黏液性鼻漏、潜伏期长、无运动耐力和终归死亡为主要特征。我国将其列为三类动物疫病。

【病原】

绵羊肺腺瘤病病毒（Sheep pulmonary adenomatosis virus，SPAV）为D型反转录病毒，基因组为线性单股正链RNA，本病毒的前病毒DNA和病毒RNA见于肿瘤和肺分泌物及纵隔淋巴结。有囊膜，抵抗力不强，pH=3或56℃30分钟可灭活病毒。

SPAV具有对肺脏的致瘤作用，最初形成直径为2～4毫米的散在性肿瘤结节，后期可融合成较大的灶块状肿瘤，肿瘤细胞的来源是肺泡壁Ⅱ型上皮细胞和细支气管黏膜上皮细胞。肿瘤细胞可发生转移，主要转移到胸腔淋巴结。

【流行病学】

病羊和带毒羊是传染源，传播途径为直接接触和飞沫传播。不同品种、性别和日龄的绵羊均可感染，但品种间的易感性有所区别。山羊也可发生该病，但发病率低。目前，未见其他反刍动物感染SPAV。SPA的流行有一定的季节性，冬季和早春是流行高峰期。老疫区感染羊群发病率为2%～4%，病死率为100%。

【临床症状】

SPA潜伏期较长，自然感染病例为2个月至2年，绵羊一般2岁以上才出现症状，3～4岁出现发病高峰，1岁以内很少发病。

本病典型症状为食欲减退、虚弱、消瘦、呼吸困难，同时伴有体温升高（与混感有关）。驱赶病羊时，呼吸困难特别明显，故称驱赶病。后期肺部湿性啰音明显。抬高后肢令病羊头部低垂，即进行所谓的"小推车试验"，鼻孔可流出多量稀薄、泡沫状、黏液性液体。本病病程长达数年，但症状明显后，常在数周或数月内死亡。

【眼观病变】

主要病理变化集中在肺脏，但有时支气管淋巴结和纵隔淋巴结也显示特征性的病理变化。典型病例的肺部变实，体积增大。肿瘤病灶多发生在一侧或双侧肺的尖叶、心叶和膈叶的下部，呈灰白或浅褐色的小结节，外观钝圆，质度坚实，小结节可以发生融合，形成大小不一、形态不规则的大结节或巨块状。在肿瘤灶的周围是狭窄的肺气肿区。切开肿瘤时切面不规整，并有多量液体从切面渗出，肺表面湿润，轻轻触压可从气道内流出清亮的泡沫性液体。

纵隔淋巴结和支气管淋巴结偶见肿大，偶尔在其表面可见小的转移病灶，但从未见转移远距离的器官。

非典型性的SPA病例，病变主要发生在膈叶，而且腺瘤灶始终呈结节状，并不融合，病灶呈纯白色，质度非常坚实，很像瘢痕。病变部位与周围实质分界清楚，肺表面比较干燥。这种病例一般少见。

图1-33 病羊低头时，鼻腔流出稀薄、黏液性鼻漏，有的病例鼻液呈黄色脓样

图1-34 病羊肺脏体积增大，重量增加，不回缩，质度坚实，肺叶之间发生粘连，肺脏与胸膜或心包发生粘连

图1-35 病羊肺脏膨隆，表面可见大量圆形灰白色或灰红色结节，质度坚实，密集的结节发生融合，形成大小不一、形态不规则的大结节

图1-36 混合细菌感染病例，支气管中有黄色脓样液体渗出

图1-37 病羊气管中充满清亮的泡沫性的液体

【诊断】

在本病的流行地区，如发现渐进性持续呼吸困难，可疑似本病；生前病羊鼻液显著增多，检查鼻分泌液发现增生的上皮细胞，特别是成丛出现时，有一定参考价值；病死羊肺脏呈灰白色结节，是进一步支持临床诊断的证据。确诊需要采集病料进行病理组织学、病原学或免疫学诊断。

【治疗方案及应对措施】

本病当前尚无疫苗和有效疗法，控制本病的有效措施是尽早发现可疑病畜，并立即淘汰。扑杀病羊，隔离发病羊群。也可通过从外地引进无病原羊群，来逐步取代当地羊群，控制以至于消除本病的危害。严禁从疫区引进动物，引种时做好检疫和消毒工作。

第二章 常见细菌病

第一节 炭疽

炭疽，是由炭疽杆菌引起人兽共患的一种急性、热性、败血性传染病，其特征是突然发病、高热稽留，呼吸困难，脾脏肿大、皮下及浆膜下出血性水肿，血液凝固不良，呈煤焦油样，尸体极易腐败。OIE将其列为必须报告的动物疫病，我国将其列为二类动物疫病。

【病原】

炭疽杆菌属芽孢杆菌属，革兰染色阳性，无鞭毛，不运动。本菌在形态上具有明显的两重性。组织病料内常散在，或几个菌体相连呈短链状排列如竹节状，菌体周围绕以肥厚的荚膜，一般观察不到芽孢。在人工培养基或自然界中，菌体呈长链状排列，两菌接触端如刀切状，于适宜条件下可形成芽孢，位于菌体中央。进行串珠试验时，炭疽菌呈串珠状或长链状。炭疽杆菌繁殖体抵抗力不强，但芽孢具有极强的抵抗力，在干燥的土壤中可存活数十年之久。临床上常用20%漂白粉、2%～4%甲醛溶液、0.5%过氧乙酸和10%氢氧化钠作为消毒剂。本菌对青霉素、磺胺类药物等敏感。

【流行病学】

各种家畜及人对本病均有易感性，牛、羊等草食动物易感性高。病畜是主要传染源，濒死期患病动物体内及分泌物、排泄物中常有大量菌体，若尸体处理不当，炭疽杆菌形成芽孢并污染土壤、水源和牧地，则可形成常在性疫源地。牛、羊通常由于采食污染的饲料和饮水而感染，也可经呼吸道途径或吸血昆虫叮咬传染。本病多发生于夏、秋季节，呈散发性或地方性流行。

【临床症状】

潜伏期一般为1～5天。牛、羊炭疽在临床上可分为最急性、急性和亚急性三种病型。

最急性型：常见于流行初期，绵羊为多。患病动物突然倒地、昏迷，呼吸困难，可视黏膜发绀，全身战栗，天然孔常出血。羊多出现摇摆、磨牙、痉挛等症状；个别牛表现兴奋鸣叫或鼓气。于数分钟或几小时内死亡。

急性型：较为常见。患畜体温升高达42℃，精神不振，食欲下降或废绝，反刍停止，可视黏膜发绀并有小出血点。病初便秘，后期腹泻带血，甚至出现血尿，少数病例发生腹痛。濒死期体温下降，天然孔流血，于1～2天死亡。

亚急性型：病性较缓，多见于牛。通常在咽喉、颈部、胸前、腹下、肩前等部位皮肤、直肠或口腔黏膜等处发生局限性炎性水肿、溃疡，称为"炭疽痈"，可经数周痊愈。该型有时也可转为急性，患畜发生败血症而死亡。

【眼观病变】

最急性型病例多无明显病变，或仅在有的内脏见到出血点。急性炭疽以败血性变化为主。尸体腹胀明显，尸僵不全，天然孔出血，血液凝固不良呈煤焦油样，可视黏膜发绀。全身广泛性出血，皮下、肌内及浆膜下胶样水肿。脾脏肿大，脾髓软化如糊状。淋巴结肿大、出血，切面多血。肠道发生出血性炎症。部分病例于局部形成炭疽痈。肺和其他器官还可见到浆液出血性炎症。镜检可发现炭疽杆菌。

图2-1 病死牛，腹围膨大，肛门外凸，肠内容物血样

图2-2 病死牛，天然孔出血，血液凝固不良呈煤焦油样

【诊断】

根据典型病变和重要症状可作为怀疑本病的参考，确诊应进行实验室检查。

死于炭疽的动物尸体，原则上禁止剖检。患病动物于濒死期采集耳静脉血液、水肿液或血便；死后可立即于四肢末梢采集静脉血液，也可切取一只耳朵；必要时做腹部局部切口，采集小块脾脏，然后将切口用0.2%氯化汞或5%石炭酸浸透的棉花或纱布塞好，以防污染环境。染色镜检，结合临床表现，可做出诊断。实验室病原学检查也可以做细菌分离培养、鉴定和动物接种试验。

炭疽沉淀试验（Ascoli反应）是诊断炭疽简便而快速的方法，但炭疽杆菌与蜡样芽孢杆菌等近缘菌有共同抗原，结果判定时须注意。此外，荧光抗体技术、琼脂扩散试验、间接血凝试验等也可用于炭疽病的诊断。

牛炭疽与牛出血性败血病、牛气肿疽、羊炭疽与羊巴氏杆菌病、恶性水肿等疾病在症状、病变方面相似，应注意鉴别。

【治疗方案及应对措施】

常发病区和受威胁区的牛、羊，可用炭疽疫苗进行免疫接种。Ⅱ号炭疽芽孢苗可用于牛、羊，无毒炭疽芽孢苗只用于牛和绵羊，山羊不宜使用。

发生炭疽时，立即上报疫情，采取隔离、治疗、划区封锁等措施。尸体严禁剖检，应深埋或焚烧处理，污染的饲料、粪便、垫草等彻底烧毁，污染的环境严格消毒。疫区和受威胁区的易感动物均应进行紧急免疫接种。

发病牛、羊可用抗炭疽血清进行治疗，皮下或静脉注射，必要时可重复一次；或选用青霉素、土霉素、链霉素、氨霉素等抗生素和磺胺类药物进行治疗。

第二节　结核病

结核病，是由分枝杆菌引起的人和动物共患的一种慢性传染病，其特点是在多种组织器官形成结核结节和干酪样坏死或钙化结节病理变化。OIE将牛结核病列为必须报告的疫病，我国将其列为二类动物疫病。

【病原】

病原是分枝杆菌属（Mycobacterium）的3个种，即结核分枝杆菌（简称结核杆菌）（M. tuberculosis）、牛分枝杆菌（M. bovis）和禽分枝杆菌（M. avium）。结核分枝杆菌是直或微弯的细长杆菌，呈单独或平行相聚排列，多为棍棒状，间有分支状。牛分枝杆菌稍短粗，且着色不均匀。禽分枝杆菌短而小，为多形性。不产生芽孢和荚膜，也不能运动，革兰染色阳性，用Ziehl-Neelsen抗酸染色法染为红色。

严格需氧菌，在自然环境中生存力较强，对干燥和湿冷的抵抗力很强。在粪便、土壤中可存活6～7个月，在病变组织和尘埃中能生存2～7个月或更久，在水中可存活5个月。对热的抵抗力差，60℃30分钟即可死亡，在直射阳光下经数小时死亡。常用消毒剂经4小时可将其杀死，在70%乙醇或10%漂白粉中很快死亡。

本菌对磺胺类药物、青霉素及其他广谱抗生素均不敏感，但对链霉素、异烟肼、对氨基水杨酸和环丝氨酸等敏感，中草药中的白及、百部、黄芩对结核分枝杆菌有一定程度的抑菌作用。

【流行病学】

本病可侵害人和多种动物，家畜中牛最易感，特别是奶牛，其次为黄牛、牦牛、水牛，猪和家禽易感性也较强，羊极少患病。

牛结核病主要由牛分枝杆菌，也可由结核分枝杆菌引起，牛分枝杆菌也可感染猪和人及其他一些家畜。

结核病患病动物尤其是开放型患者是本病的主要传染源，其粪、尿、乳汁和生殖道分泌物中都可带菌，污染饲料、食物、饮水、空气和环境而散播传染。本病主要经呼吸道、消化道感染，饲养管理不当与本病的传播有密切关系，通风不良、拥挤、潮湿、阳光不足、缺乏运动等情况下，最易患病。

【临床症状】

结核分枝杆菌和禽分枝杆菌对牛毒力较弱，多引起局限性病灶且缺乏肉眼变化，即所谓的"无病灶反应牛"，通常这种牛很少能成为传染源。

牛分枝杆菌引起的牛结核病，常表现为肺结核、乳房结核、淋巴结结核，有时可见肠结核、生殖器结核、脑结核、浆膜结核及全身结核。牛发生肺结核时，常发出短而干的咳嗽，随着病情的发展咳嗽加重、频繁且表现痛苦，呼吸次数增加，严重时发生气喘。病牛日渐消瘦、贫血，有的牛体表淋巴结肿大。病情恶化可发生全身性结核，即粟粒性结核。胸膜、腹膜发生结核病灶即所谓的"珍珠病"，胸部听诊可听到摩擦音。发生乳房结核时，可见乳房上淋巴结肿大，泌乳量减少。肠结核多见于犊牛发生顽固性下痢，迅速消瘦。发生生殖器官结核，可见性功能紊乱，发情频繁，性欲亢进，发生"慕雄狂"与不孕；孕畜流产，公畜附睾肿大，阴茎前部可发生结节、糜烂等。脑与脑膜发生结核病理变化，常引起神经临床症状，如癫痫样发作、运动障碍等。

绵羊及山羊的结核病极少见，一般为慢性经过，无明显临床症状。

【眼观病变】

结核的病理变化特点是器官组织发生增生性或渗出性炎症，或两者混合存在。机体抵抗力强时，形成特异性肉芽肿。抵抗力低时，机体渗出后发生干酪样坏死、化脓或钙化，这种变化主要见于肺和淋巴结。

肺脏或其他器官常见有很多突起的白色结节，切面为干酪化坏死，有的坏死组织溶解和软化，排出后形成空洞。有的见有钙化，切开时有沙砾感。胸膜和腹膜发生密集结核结节，呈粟粒大至豌豆大的半透明灰白色坚硬的结节，形似珍珠状，故称为"珍珠病"。胃肠黏膜可能有大小不等的结核结节或溃疡。乳房结核多发生于进行性病例，剖开可见有大小不等的病灶，内含有干酪样物质，还可见到急性渗出性乳房炎的病理变化。子宫病理变化多为弥漫干酪化，多出现在黏膜上，黏膜下组织或肌层组织内，也有的发生结节、溃疡或瘢痕化。子宫腔含有油样脓液，卵巢肿大，输卵管变硬。

绵羊结核病理变化多见于肺和胸部淋巴结，肝、脾亦常见结核病灶。

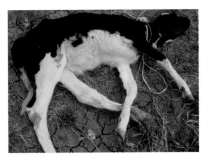

图2-3 发病犊牛严重消瘦，呼吸伸颈，呼吸困难

图2-4 咽后淋巴结肿大明显，切面可见大小不等的结核性肉芽肿，肉芽肿中央为干酪样坏死灶和钙化灶

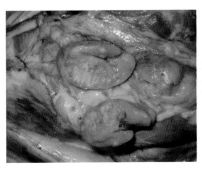

图2-5 犊牛下颌淋巴结明显肿大，切面可见大面积干酪样坏死灶和小钙化灶

图2-6 肺脏表面可见弥散分布的粟粒大小结核性肉芽肿

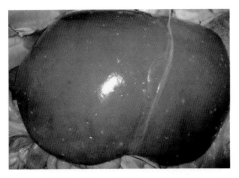

图2-7 肝脏表面分布大量粟粒大小结核性肉芽肿

图2-8 病牛消瘦，颈部皮内变态反应阳性

【诊断】

在牛群中发生进行性消瘦、咳嗽、慢性乳房炎、顽固性下痢、体表淋巴结慢性肿胀等临床症状时，可作为初步诊断的依据。但在不同的情况下，需结合流行病学、临床症状、病理变化、结核菌素试验、细菌学试验、血清学试验和分子生物学试验等综合诊断较为切实可靠。

结核菌素试验是目前诊断结核病最有现实意义的好方法。结核菌素试验主要包括提纯结核菌素（PPD）（GB/T18645—2002）和老结核菌素（OT）诊断方法。

【治疗方案及应对措施】

动物结核病一般不予治疗，主要采取综合性防疫措施，加强检疫、隔离、淘汰，防止疾病传染人，净化污染群等综合性防疫措施。发病牛应按《中华人民共和国动物防疫法》及有关规定，采取严格扑杀和无害化处理措施，防止病原扩散。

第三节 副结核病

副结核病是由禽分枝杆菌副结核亚种（M. paratuberculosis）引起反刍动物的一种肉芽肿性肠炎，又称副结核性肠炎。以顽固性腹泻、进行性消瘦、肠黏膜增厚并形成大脑回样皱襞为特征。OIE将其列为必须报告的动物疫病，我国将其列为二类动物疫病。

【病原】

禽分枝杆菌副结核亚种，又称副结核杆菌，是一种短杆菌，无芽孢，没有运动性，革兰染色阳性，姜-尼氏（Ziehl-Neelsen）抗酸染色法染色阳性。

本菌对热和化学药品的抵抗力较强，在污染的牧场厩肥中可存活数月至一年。对青霉素有高度抵抗力。对湿热抵抗力较弱，60℃30分钟或80℃15分钟可杀灭。3%的来苏儿溶液30分钟可将其灭活，10%～20%的漂白粉乳剂20分钟、5%的氢氧化钠溶液2小时可杀灭该菌。

【流行病学】

本病无明显季节性，但常发生于春秋两季。主要呈散发，多呈地方性流行。幼龄牛对本病最易感，主要是成年牛发病。绵羊、山羊、鹿和骆驼等反刍动物也易感染，马、驴、猪等单胃动物也有自然感染及排菌的病例，但无临床表现。

病畜和隐性感染动物是主要传染源，该菌存在于患病动物以及隐性感染动物的肠壁黏膜、肠系膜淋巴结及粪便中。也可随乳汁和尿液排出体外，污染饲料、饮水和周围环境，使易感动物经消化道感染。也可经乳汁感染幼畜或经胎盘垂直感染胎儿。皮下和静脉接种也可使犊牛感染。

感染牛群病死率高达10%。感染羊群发病率为1%～10%，多死亡。

【临床症状】

潜伏期长达6～12个月，甚至数年。有时幼牛感染直到2～5岁才出现临床症状。本病为典型的慢性传染病，以顽固性腹泻、进行性消瘦为临床特征。起初为间歇性腹泻，后发展到经常性顽固性下痢。排泄物稀薄，恶臭，带泡沫、黏液或血液凝块。食欲起初正常，精神良好，以后食欲有所减退，随着病程的进展，病畜消瘦，眼窝下陷，经常躺卧，泌乳减少或停止，高度营养不良。皮肤粗糙，被毛粗乱，下颌部垂皮等部位可见水肿。体温常无明显变化。给予多汁青绿饲料可加剧腹泻症状，最后因全身衰弱而死亡。

绵羊和山羊症状相似。潜伏期较长，为数月到数年。病羊呈间歇性或持续性腹泻，排泄物较软。体重减轻，体温一般正常或略有升高，发病数月后，病羊消瘦、衰弱、脱毛、卧地不起，在发病末期往往并发肺炎，最终死亡。

机体抵抗力强的病畜，腹泻可暂时停止，一旦机体抵抗力下降或受到应激，再度腹泻则很快死亡。

【眼观病变】

外观可见尸体消瘦，主要病变为慢性增生性肠炎（空肠中后段、回肠、回盲瓣、盲肠及结肠近端，回肠最明显）和肠系膜淋巴结增生性肠炎。以肠壁增厚，特别是肠黏膜明显增厚呈大脑回样皱褶为特征，严重病畜肠系膜淋巴结明显肿大，表面和切面可见大小不等的灰白色干酪样坏死灶。因淋巴结内淋巴管回流受阻，肠系膜和肠浆膜淋巴管扩张，明显水肿，严重时发展为腹腔积液。

图2-9 病牛明显消瘦，下颌部明显水肿而下垂

图2-10 病牛下颌明显水肿而下垂

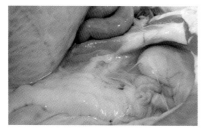

图2-11 严重病羊表现明显的腹腔积液

图2-12 病羊肠壁明显增厚，黏膜增厚最明显，形成大脑回样皱褶

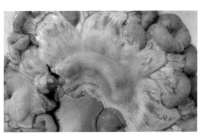

图2-13 病羊肠黏膜增厚，呈灰黄色或灰红色，表面附有黏稠而浑浊的黏液

图2-14 肠系膜淋巴结明显肿大呈条索状，质度硬实，切面可见2个黄白色干酪样坏死灶，肠系膜明显水肿

【诊断】

根据流行病学、典型的临床症状和多次粪便检查副结核杆菌可做出初步诊断，死后主要依靠病理学检查。隐性病畜可用变态反应（SN/T1084—2002）、补体结合实验或ELISA诊断。注意与其他慢性消化道疾病或慢性消耗性疾病区别。

【治疗方案及应对措施】

由于病畜往往在感染后期才出现临床症状，因此药物治疗往往没有明显效果，也没有商品化的有效疫苗。预防本病重在加强饲养管理，搞好环境卫生，特别是幼畜更应注意给予足够的营养，以增强其抗病力。群体随时观察、定期检疫、隔离和淘汰病畜，消毒被病畜污染的畜舍、用具等，引种时严格检疫，确认健康方可混群。

第四节　布鲁菌病

布鲁菌病是由布鲁菌属细菌引起的一种人兽共患传染病。家畜中牛、羊和猪均易感，且可传染给人和其他家畜。病变特征是生殖器官和胎膜发炎，引起流产、不育和各种组织的局部病灶。OIE将其列为必须报告的疫病，我国将其列为二类动物疫病。

【病原】

对人和动物有致病性的布鲁菌属有6个种，羊多感染马尔他布鲁菌（Br. melitensis），牛多感染流产布鲁菌（Br. abortus），猪多感染猪布鲁菌（Br. suis）。一般说来，羊布鲁菌毒力最强，猪布鲁菌次之，牛布鲁菌较弱。各种布鲁菌虽有其主要的宿主动物，但普遍存在宿主转移现象。各个种属除了感染各自主要宿主外还可感染其他动物。

布鲁菌为细小、两端钝圆的球杆菌或短杆菌。无鞭毛，不运动，不形成芽孢，在条件不利时有形成荚膜的能力。革兰染色阴性，姬姆萨染色呈紫色。

本菌对外界环境的抵抗力较强，在粪尿中可存活45天，在乳、肉类食品中可存活2个月，在冷暗处的胎儿体内可存活6个月。对干燥和寒冷抵抗力较强。但对热敏感，60℃经30分钟、70℃经5分钟可完全杀死本菌，煮沸立即死亡。本菌对消毒剂抵抗力不强，3%来苏儿、2%氢氧化钠溶液经1小时可杀灭本菌；1%～2%甲醛溶液经3小时可杀灭本菌，0.5%洗必泰、0.1%新洁尔灭可在5分钟内杀灭本菌。

【流行病学】

本病的易感动物范围很广，各种动物对布鲁菌的易感性不同，自然病例主要见于羊、牛和猪。患病动物及带菌动物是本病主要的传染源。最危险的传染源是受感染的妊娠动物，其流产时随流产胎儿、胎衣、羊水和阴道分泌物排出大量细菌。此外，患病动物还可通过乳汁、精液、粪便、尿液排出病菌。

主要传播途径为消化道，其次为皮肤、黏膜及生殖道，吸血昆虫叮咬也可以传播本病。

雌性动物较雄性动物易感。幼龄动物对本病有一定的抵抗力，随年龄的增长易感性增高，性成熟后的动物对本病非常易感。在老疫区，发生流产的较少，而子宫炎、乳房炎、关节炎、胎衣不下及久配不孕的较多；在新疫区，以暴发性流行为主，各胎次妊娠动物均可发生流产。

【临床症状】

牛感染多为慢性经过，临床症状不明显。患病母牛常见流产，多发生在妊娠第6～8个月，流产后胎衣不下。非妊娠牛，常发生滑液囊炎和脓肿。患病公牛常见睾丸炎和附睾炎，表现为睾丸肿大，有热、痛反应，以后逐渐减轻，无热、痛，触之质地坚硬。病牛群常见症状还有关节炎，有时有乳房炎的症状。

绵羊与山羊，除流产外不表现明显症状。流产多发生在妊娠第3～4个月。其他症状还有乳房炎、支气管炎、关节炎及滑液囊炎。公羊可表现为睾丸炎和附睾炎。

【眼观病变】

母畜表现为子宫内膜炎、流产、死产、产弱子、坏死性胎盘炎。流产胎儿成木乃伊胎。所产弱羔会出现全身皮下严重水肿，纤维素性胸膜炎和腹膜炎，可伴有粘连，程度不同的胸腔积液和腹腔积液。肝表面可见针尖大小的灰白色病灶，肺大面积质变，呈灰红色。公畜多表现为一侧睾丸和附睾明显肿大。

图2-15 出生后2小时死亡羔羊表现腹部和后肢皮下严重的炎肿

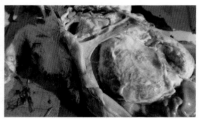

图2-16 出生后2小时死亡羔羊表现严重的纤维素性胸膜炎和纤维素性腹膜炎

【诊断】

根据流行病学、临床症状及病理变化做出初步诊断，疑似病例可用动物血清进行虎红平板凝集试验（GB/T18646）、试管凝集试验（GB/T18646）和补体结合实验（GB/T18646），变态反应在我国对牛未曾使用，羊较少使用。

【治疗方案及应对措施】

坚持预防为主的方针，采取因地制宜、分区防控、人畜同步、区域联防、统筹推进的防治策略，逐步控制和净化布鲁菌病。严格控制布鲁菌病的传入，严格检疫，对阳性患畜坚决淘汰。其次，做好免疫接种工作。

在我国使用的疫苗有猪布鲁菌2号（S2）弱毒苗、羊布鲁菌5号（M5）弱毒苗和流产布鲁菌19号（A19）苗，目前主要使用S2和A19。S2弱毒苗对山羊、绵羊、猪和牛均有较好的免疫效果。可用于牛、羊和猪的免疫。其毒力稳定，使用安全，免疫力好，可用皮下注射、肌内注射、饮水、气雾等方法进行免疫。M5弱毒苗对绵羊、山羊、鹿和牛均有较好的免疫效果，但对猪无效，可用于绵羊、山羊、牛和鹿的免疫。该疫苗免疫效果好，但是其毒力较强，现在已很少使用。A19对牛和绵羊的免疫效果较好（对牛的免疫期可达6年之久），但对山羊和猪免疫效果差。但该疫苗的毒力较强，不能用于妊娠动物。在我国，该疫苗仅用于奶牛的免疫，在奶牛配种前免疫1~2次即可。

第五节　羊支原体肺炎

羊支原体肺炎，是由支原体引发绵羊和山羊的一种高度接触性传染病，山羊支原体肺炎又称山羊传染性胸膜肺炎。以发热、咳嗽、浆液纤维素性胸膜肺炎为主要特征。OIE将其列为必须报告的疫病。

【病原】

本病病原为山羊支原体山羊肺炎亚种（M. capricolum subsp. *capripneumoniae*）、山羊支原体山羊亚种（M. capricolum subsp. *capricolum*）、丝状支原体丝状亚种（M. mycoides subsp. *mycoides*）、丝状支原体山羊亚种（M. mycoides subsp. *capri*）和绵羊肺炎支原体（M. oviprzeumoniae），均为一种细小多形态微生物，革兰染色阴性，兼性厌氧菌，较难培养。一般在琼脂固体培养基培养2~3天，患病绵羊分离到的支原体菌落呈桑葚样，而患病山羊分离到的支原体呈"煎蛋样"外观表现。

支原体对理化因素的抵抗力很弱，对紫外线和温度敏感。对红霉素、四环素和氯霉素等抗生素敏感，对青霉素、链霉素不敏感。绵羊肺炎支原体对红霉素有一定抵抗力。

【流行病学】

病羊和带菌羊是主要的传染源，其病肺组织和胸腔渗出液中含有大量的病原体，主要经过呼吸道分泌物排菌。通过飞沫经呼吸道传播，传染性很强，也可通过哺乳传播。

本病常呈地方流行性，新疫区的暴发几乎都是由于引进或迁入病羊或带菌羊而引起的。一年四季均可发生，但在冬季和早春枯草季节多发。阴雨连绵，寒冷潮湿，羊群密集、拥挤等不良饲养管理因素，可以促进本病发生。

【临床症状】

根据病程及临床症状，可分为最急性、急性、慢性3种类型。

最急性型：患病初期体温突然升高达40℃～41℃，精神萎靡，食欲废绝，呼吸急促伴有痛苦鸣叫，随后出现肺炎症状，呼吸困难、咳嗽，流出浆液性甚至带血的鼻液。肺部叩诊呈浊音或实音，听诊呈支气管呼吸音，或呈捻发音。12～36小时内，病羊痛苦呻吟、呼吸极度困难、四肢伸展、卧地不起，黏膜发绀，最后死亡。病程通常为2～5天。

急性型：临床最常见。早期体温升高，呆立，继而出现短促湿咳，伴有浆液性鼻液。4～5天后出现干咳，张口呼吸，鼻液多呈铁锈色。鼻液易黏附于鼻孔和上唇，形成干固的棕色痂垢。按压胸壁表现敏感、疼痛。呼吸困难和痛苦呼吸，头颈伸直，腰背拱起，怀孕羊大批流产。病程7～15天，最长达1个月。部分急性病羊可转为慢性。

慢性型：多见于夏季，全身症状轻微，体温升高到40℃左右。病羊有咳嗽及腹泻，鼻液时有时无，被毛粗乱，常因继发感染而死亡。

【眼观病变】

病羊可表现为两侧肺的整个尖叶和副叶质呈灰色或深红色，质度变实，呈小叶性融合性肺炎病变，肺炎部与肋胸膜发生粘连。有的病羊表现为浆液纤维素性胸膜肺炎变化：胸膜腔大量积液，肺胸膜纤维素沉着，病程稍长的病羊肺胸膜常与肋胸膜、心包膜发生粘连。很多病羊肺炎灶内可见大小不等的化脓灶，严重者一侧肺叶完全化脓（俗称烂肺病）。肺纵隔淋巴结程度不同地肿大，呈深红色。心脏横径增宽，心肌变软，以右心病变最明显。

图2-17 羊支原体肺炎：鼻腔流黏性鼻液并附着大量污物

图2-18 羊支原体肺炎：小叶性融合性肺炎，大部分肺心叶和部分膈叶呈灰红或深红色实变区，呈肌肉样

【诊断】

根据流行病学、临床症状和眼观病变可初步诊断，确诊需要做病原菌分离鉴定及血清学诊断。血清学诊断常用方法主要包括琼脂免疫扩散实验、玻片凝集试验和荧光抗体试验等。本病与羊巴氏杆菌病临床症状相似，在兽医临床实践中可从以下几点做初步区分：

图2-19 羊支原体肺炎：肺炎区与肋胸膜粘连

眼观病变方面，巴氏杆菌病患羊除具有浆液-纤维素性肺炎之外，还有全身各组织脏器的出血性败血症变化；血涂片或病变组织触片巴氏杆菌病可见典型的两极着色的革兰阴性球杆菌，而支原体体积小，呈革兰阴性的多形性。

【治疗方案及应对措施】

平时预防，除加强饲养管理外，关键是防止引入或迁入病羊和带菌羊。新引进羊只必须隔离检疫1个月以上，确认健康后方可混入大群。免疫接种是预防本病的有效措施。发病羊群应进行封锁、隔离和治疗，对被污染的羊舍、场地、饲喂用具和病羊的尸体、粪便等进行彻底消毒或无害化处理。

新肿凡纳明（914）静脉注射，能有效地治疗和预防本病。病初使用足够剂量的土霉素、四环素或氟苯尼考等有治疗效果，同时加强护理，配合对症治疗。

第六节　牛支原体肺炎和关节炎

牛支原体肺炎和关节炎是由牛支原体引起犊牛肺炎、关节炎和泌乳奶牛乳房炎。牛支原体病在很多国家流行，造成严重的经济损失。

【病原】

引起本病的病原是牛支原体（Mycoplasma bovis），而不是引起牛传染性胸膜肺炎（牛肺疫）的丝状支原体丝状亚种。牛支原体呈革兰阴性的多形性菌体，在支原体培养基上菌落呈边缘光滑、湿润、圆形透明的"油煎蛋"状。

【流行病学】

牛支原体为正常牛呼吸道内存在的条件致病菌，当机体受到应激后，机体抵抗力下降，易发本病。本病多见于经过长途运输后的肉犊牛，也可见于奶牛场犊牛。本病的传染源为发病牛，主要经过呼吸道和消化道感染。肉牛、奶牛均有明显的易感性，肉牛多见。本病的发生无明显的季节性，在气候交替期间和长途运输后多发。

【临床症状】

病初发病犊牛流液状鼻液，随病程加长，鼻液逐渐呈黏液性或脓性、咳嗽，气喘，呼吸困难。病犊腕关节、膝关节和跗关节明显肿大，站立不稳，跛行，病程1周至2个多月。体温不高或轻度升高，可达40.5℃，后期机体逐渐消瘦。发病率20%～80%，死亡率5%～23.5%。

【眼观病变】

犊牛胸部皮下呈胶样浸润，前肢腕关节，后肢膝关节和跗关节均明显肿大，关节腔内有大量黄色轻度污浊浓稠的关节液和干酪性脓性物质，在关节周围和肋骨之间的肌肉内也可形成大小不等的含有淡黄色液体或坏死化脓灶，其周围可见结缔组织包囊。轻度病例仅肺尖叶和心叶可见深红色实变的肺炎灶和小出血点，气管内和支气管内有黄绿色脓性渗出物；严重病例整个心叶和尖叶发生实变，肺叶体积增大，质硬，肺小叶内密布粟粒大小的黄白色或灰白色干酪样或化脓灶。残存肺组织出现明显的肺气肿。肝脏肿大，质度较脆，呈局灶性土黄色；肾轻度肿大，表面散在小出血点；心力衰竭，横径增宽，心内膜和心外膜可见出血斑点；颈胸部淋巴结肿大明显，特别是咽后淋巴结明显肿大，较湿润，呈灰黄色；真胃黏膜充血、潮红。

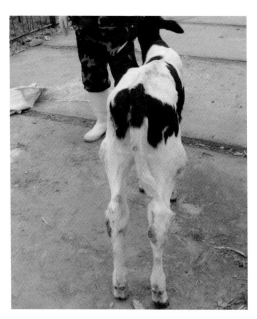

图2-20 后肢跗关节明显肿大

图2-21 关节腔内也可形成淡黄色液体或坏死化脓灶

图2-22 发病犊牛关节处肌肉出现坏死化脓灶

【诊断】

根据流行病学、临床症状和病理变化可对本病进行初步诊断。确诊需要进行支原体培养、染色和观察及PCR检测等实验室诊断。

【治疗方案及应对措施】

加强饲养管理，保证营养，做好日常保健，提高机体抵抗力，降低其他病原的感染机会，尽量减少长途运输、极端天气、拥挤、饥渴、混群等应激因素或降低其造成的影响。

在疾病早期使用足量的和足够疗程的泰乐菌素、长效土霉素、林可霉素、泰妙菌素、氧氟沙星等抗生素，辅以黄芪多糖等免疫增强剂治疗可有明显的疗效。

第七节　巴氏杆菌病

巴氏杆菌病是由多杀性巴氏杆菌引起多种畜禽、野生动物及人类共患的一类传染病的总称。动物巴氏杆菌病急性病例以败血症和炎性出血过程为主要特征，慢性病例表现为皮下结缔组织、关节及各脏器的化脓性病灶，人的病例多由伤口感染。

【病原】

多杀性巴氏杆菌，呈短杆状或球杆状，常单个存在，较少成对或成短链，不形成芽孢，无鞭毛，不运动，革兰染色阴性。病料组织涂片经瑞氏、姬姆萨或美蓝染色呈典型的两极深染。

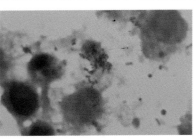

本菌存在于患病动物全身各组织、分泌物及排泄物里，只有少数慢性病例仅存在于肺脏的小病灶内。健康动物的鼻腔或扁桃体也常带菌。

本菌对理化因素和外界抵抗力不强，在日光直射下和干燥的条件下迅速死亡，巴氏消毒法（65℃30分钟或70℃15分

图2-23　牛巴氏杆菌病，肺脏触片内可见大量的两极深染的革兰阴性球杆状巴氏杆菌

钟）可将其杀灭，一般消毒剂在低浓度下数分钟或十几分钟就可杀灭本菌。

【流行病学】

巴氏杆菌对多种动物和人均有致病性。家畜中以牛（黄牛和水牛）、猪、绵羊、山羊和兔发病较多；犬、猫、鹿、骆驼、驴和马等亦可发病，但较少见。禽类以鸡、火鸡和鸭最易感，鹅和鸽次之，幼龄多发病，病死率较高。

动物群发生巴氏杆菌病时，往往查不出传染源，一般认为在发病前已经带菌。动物在寒冷、闷热、气候剧变、潮湿、拥挤、圈舍通风不良、阴雨连绵、营养缺乏、饲料突变、过度疲劳、长途运输、寄生虫感染等应激因素的作用下，引起发病。患病动物的排泄物、分泌物及带菌动物也是本病的重要传染源。

传染途径主要经消化道和呼吸道，也可以通过吸血昆虫和伤口发生感染。

本病的发生一般无明显的季节性，但以天气多变的春秋季发生较多。一般为散发性，但水牛、牦牛、猪有时可呈地方流行性，绵羊有时可大量发病。

【临床症状】

牛巴氏杆菌病，又名牛出血性败血症。潜伏期2～5天，可分为败血型、浮肿型、肺炎型和慢性型4种形式。

败血型：病初发高热，可达41℃～42℃，随之出现全身临床症状；稍经时日，患牛表现腹痛，开始下痢；粪便初为粥状，后呈液状，其中混有黏液、黏膜碎片及血液，并有恶臭；有时鼻孔内和尿中有血；拉稀开始后，体温随之下降，迅速死亡。病程多为12～24小时。

浮肿型：除呈现全身临床症状外，在颈部、咽喉部及胸前的皮下结缔组织出现水肿，同时伴发舌及周围组织的高度肿胀；病畜舌伸出口外，呈暗红色，呼吸高度困难，皮肤和黏膜普遍发绀，往往因窒息而死；病程多为12～36小时。此外，还有下痢或某一肢体发生肿胀的病例。

肺炎型：主要表现为纤维素性胸膜肺炎临床症状。病牛呼吸困难，疼痛性咳嗽，流泡沫样鼻液，听诊水泡性杂音及胸膜摩擦音，叩诊胸部出现浊音区及疼痛感。病畜便秘，有时下痢并混有血液。病程较长的可达3天到1周。

慢性型：以慢性肺炎为主，病程1个月以上。

羊巴氏杆菌病多发于羔羊，可分为最急性型、急性型和慢性型3种形式。

最急性型：多见于哺乳羔羊，往往突然发病，呈现寒战、虚弱、呼吸困难等临床症状，可于数分钟至数小时内死亡。

急性型：病羊精神沉郁，食欲废绝，体温升高至41℃～42℃；可视黏膜发绀，呼吸急促、咳嗽、鼻孔常有出血，有时血液混杂于黏性分泌物中；初期便秘，后期腹泻，有时粪便全为血水；病羊常在严重腹泻后虚脱而死；病程2～5天。

慢性型：病羊消瘦，食欲不振，流黏脓性鼻液；咳嗽，呼吸困难并有角膜炎临床症状；病羊腹泻，粪便恶臭，临死前极度虚弱，体温下降，四肢厥冷。

【眼观病变】

败血型：全身黏膜、浆膜、皮下组织和肌肉等均有出血点，纤维素性肺炎。

浮肿型：头、咽喉部或颈部皮下，有时延及肢体部皮下有浆液浸润；切开水肿部流出深黄色液体，有时伴有出血；咽周围组织和会咽软骨韧带呈黄色胶样浸润；咽淋巴结和颈前淋巴结高度肿胀；上呼吸道黏膜卡他性潮红。

图2-24 牛巴氏杆菌病，肺脏膨隆、质度变实、表面暗红色

肺炎型：主要表现为胸膜炎和纤维素性肺炎，胸腔中有大量浆液性纤维素性渗出液。整个肺有不同肝变期的变化，肺切面呈大理石状；有时有纤维素性心包炎和腹膜炎，心包与胸膜粘连，内含干酪样坏死物。羊和鹿病变与牛相似。

图 2-25 牛巴氏杆菌病，肺脏肝变期，切面暗
红色、粉色、灰白色相间呈大理石样变（切面）

【诊断】

根据流行病学、临床症状和病变特征做出初步诊断，确诊有赖于实验室细菌分离鉴定，还可以做动物实验或 PCR 检测等。

【治疗方案及应对措施】

在巴氏杆菌病的防治方面，根据其传播特点，首先应注意饲养管理，消除可能降低机体抵抗力的各种应激因素，其次应尽可能避免病原侵入，并对圈舍、围栏、饲槽、饮水器具进行定期消毒，同时应定期进行预防接种，增强机体对该病的特异性免疫力。由于多杀性巴氏杆菌有多种血清型，各血清型之间多数无交叉免疫原性，所以应选用与当地常见的血清型相同的血清型菌株制成的疫苗进行预防接种。

发生本病时，应将患病动物隔离，及早确诊，及时治疗。病死动物应深埋处理，并严格消毒动物圈舍和用具。对于同群的假定健康动物，可用高免血清、磺胺类药物或抗生素做紧急预防，隔离观察 1 周后如无新病例出现，可再注射疫苗。如无高免血清，也可用疫苗进行紧急预防接种，但应做好潜伏期患病动物发病的紧急抢救准备。

患病动物发病初期用高免血清治疗，可收到良好的效果。用磺胺类药物、喹乙醇以及新上市的有关抗菌药物进行治疗也有一定效果。如将抗生素和高免血清联用，则疗效更佳。

第八节　羊梭菌性疾病

羊梭菌性疾病是由梭菌属中的病原菌主要引起羊发病的一类传染病的总称。包括羔羊痢疾、羊猝狙、羊肠毒血症、羊快疫、羊黑疫等疾病。这些疾病以发病急促、病程短、死亡率高为特征，而且这些病在病原、流行病学、临床症状等方面容易混淆。羊梭菌性疾病广泛存在于世界各养羊业发达的国家。

【病原】

羔羊痢疾（Lamb dysentery）的病原是 B 型产气荚膜梭菌，羊猝狙（Struck）的病原是 C 型魏氏梭菌（产气荚膜梭菌），羊肠毒血症（Enterotoxaemia）的病原是 D 型产气荚膜梭菌，羊快疫（Braxy）的病原是腐败梭菌，羊黑疫（Black disease）的病原是 B 型诺维梭菌。

产气荚膜梭菌，厌氧性粗大杆菌，培养时对厌氧要求不太严格，革兰阳性，菌端钝圆，单个或成双，很少形成短链状，无鞭毛，不能运动。细菌在动物体内形成卵圆形芽孢，位于菌体中央或一端。一般消毒药可杀死本菌的繁殖体，但芽孢的抵抗力较强，90℃30分钟，100℃5分钟可杀死。产气荚膜梭菌可以产生12种外毒素。

腐败梭菌，严格厌氧性粗大杆菌，革兰阳性，菌端钝圆，培养基中呈单个、两三个相连的短链状，病变渗出液中触片为长链状或长丝状。无荚膜，有鞭毛，能运动，易于形成芽孢。腐败梭菌可以产生4种外毒素。

诺维梭菌，严格厌氧性粗大杆菌，革兰阳性，无荚膜，有鞭毛，能运动，能形成芽孢。B 型诺维梭菌可以产生5种外毒素。

【流行病学】

产气荚膜梭菌是土壤中的常在菌，也可能存在于羊的肠道内。病羊和带菌羊是主要的传染源。健康羊采食了被病原菌污染的饲草料或饮水后，病原就进入了胃肠道。饲料突然变更，例如饲喂大量青嫩多汁或蛋白质丰富的饲料，引起肠道正常消化功能紊乱或破坏时，细菌大量繁殖，产生毒素经机体吸收引起发病。

羔羊痢疾，主要危害7日龄以内的羔羊，其中又以2~5日龄的发病最多，7日龄以上的很少发生。该病的诱发因素有母羊怀孕期营养不良，羔羊体质瘦弱，气候寒冷，羔羊受冻，哺乳不当，羔羊饥饱不均。纯种细毛羊的适应性差，发病率和死亡率最高。杂种羊则介于纯种与土种羊之间，其中杂交代数越高者，发病率与死亡率也越高。感染途径主要是通过消化道，也可通过脐带和创伤感染。

羊猝狙，主要侵害6月龄至2岁的绵羊，以成年羊发病较多，山羊也可感染，呈散发或地方性流行，多见于低洼、沼泽的湿地牧场和早春秋冬季节，食入带雪的牧草或寄生虫感染等均可诱发本病。

羊快疫，主要发生于绵羊，以6~18月龄多见，常多发生于冬春季节，应激诱发本病发生。主要经消化道感染，散发为主。

羊肠毒血症，绵羊发病多于山羊，多呈散发，2~12月龄的羊最易发病，发病羊多膘情较好。本病有明显的季节性和条件性。在牧区，多发于春末夏初青草萌发和秋季牧草结籽后的一段时期。在农区，则常常是在收菜季节，羊只食入多量菜根、菜叶；或收了庄稼后羊群抢吃了大量谷类的时候发生本病。

羊黑疫，绵羊和山羊都可以发生，牛偶见，2~4岁绵羊最多见。主要在春夏季节发生于肝片吸虫流行的低洼潮湿牧场。诺维梭菌可以芽孢形式潜伏在羊肝、脾等内脏中，肝片吸虫等原因引起肝脏损伤后，滞留于此的芽孢获得适宜条件大量繁殖，产生毒素引起发病。

【临床症状】

羔羊痢疾，潜伏期为1~2天。病初，精神委顿，低头拱背，不想吃奶。不久就发生腹泻，粪便恶臭，呈糊状，或稀薄如水。后期有的粪便还含有血液。病羔逐渐虚弱，卧地不起，不及时治疗，常在1~2天内死亡，只有少数较轻的可能自愈。

羊猝狙，突然发病，几小时后很快死亡。症状不明显，有时可见突然精神沉郁，剧烈痉挛，倒地咬牙，眼球突出，惊厥死亡，常与羊快疫混合感染。

羊快疫，病程短促，常未见到临床症状即突然死亡，常见病羊放牧时死在牧场或清晨死于圈内。死后不久腹围膨大，口鼻常见白色或血色泡沫。

羊黑疫，病程极短，多数病羊未见症状即死亡，少数病程1～2天，病羊食欲废绝，反刍停止，离群呆立，呼吸急促，体温升高，卧地昏迷死亡。

羊肠毒血症，潜伏期很短，多突然发病，很少见到临床症状，少数在出现临床症状后便很快死亡。症状可分为两种类型：一类以抽搐为特征，另一类以昏迷和静静死去为特征。

【眼观病变】

羔羊痢疾，尸体脱水现象严重，最显著的病理变化是消化道。真胃内存在未消化的凝乳块。小肠（特别是回肠）黏膜出血，可见直径为1～2毫米的溃疡，肠内容物呈血色。肠系膜淋巴结肿胀、出血。心包积液，心内膜有时有出血点。

羊猝狙，十二指肠和空肠黏膜严重充血、糜烂，有的区段可见

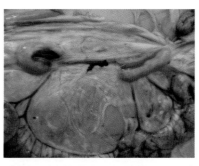

图2-26 羔羊痢疾，肠系膜淋巴结肿大出血

大小不等的溃疡。胸腔、腹腔和心包大量积液。后者暴露于空气后，可形成纤维素絮块。浆膜上有小点状出血。肾脏不软，但肿大。病羊刚死时骨骼肌表现正常，但在死后8小时内细菌在骨骼肌内增殖使肌间隔积聚血样液体，肌肉出血，有气性裂孔。

羊肠毒血症，病理变化常限于消化道、呼吸道和心血管系统。空肠的某些区段呈急性出血性炎症变化，血样内容物，重症病例整个肠段变为红色；心包常扩大，内含灰黄色液体和纤维素絮块。左心室的心内外膜下有多数出

血点；胸腺常发生出血；肾脏比平时更易于软化，似脑髓状，故称软肾病。

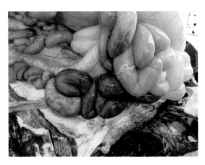

图2-27 羊肠毒血症，空肠出血，血样内容物

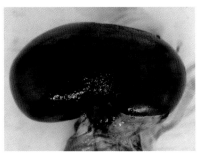

图2-28 羊肠毒血症，肾软化，肾组织随被膜剥下，质软

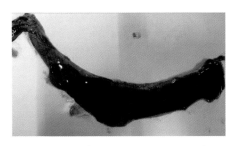

图2-29 羊肠毒血症，十二指肠严重出血

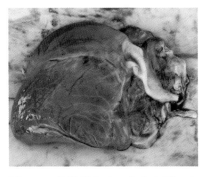

图2-30 羊肠毒血症，心力衰竭，心外膜可见出血点

图2-31 羊肠毒血症，心内膜出血斑明显

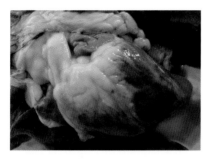

图2-32 羊快疫，心外膜见出血点

羊快疫，主要病变在真胃底部和幽门附近的黏膜，常见大小不等的出血斑，黏膜下组织水肿，胸腹腔和心包积液，心内膜特别是左心室和心外膜有出血点，胆囊肿大，肠道和肺脏的浆膜下可见出血，尸体腐败迅速。

羊黑疫，皮下淤血显著，使皮肤呈黑色外观，故名黑疫。肝脏肿大，在其表面和深层有数目不等的圆形灰黄色坏死灶，直径为2～3厘米，常被充血带包绕，其中偶见肝片吸虫的幼虫。真胃幽门部和小肠黏膜充血、出血。

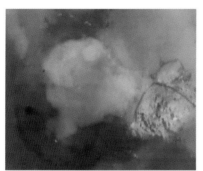

图2-33 羊黑疫，在肝脏表面和切面可见坏死灶

【诊断】

各种羊梭菌性疾病非常易于混淆，根据动物发病年龄、特征性病变以及流行病学资料有助于做出初步诊断，确诊有赖于病原分离和毒素中和实验。

【治疗方案及应对措施】

羊梭菌性疾病发病急，病程短，很难见到明显的症状即因中毒而死亡，因此，治疗效果多不满意。在发病初期用抗毒素血清可能有一定效果，在发病期间紧急免疫三联疫苗有明显的效果。羔羊出生后12小时内口服土霉素0.15～0.2克，每天1次，连用3天，对预防羔羊痢疾有一定作用。做好肝片吸虫的驱虫工作，有利于控制羊黑疫的发生。

在本病常发地区，每年可定期注射1～2次羊快疫、猝狙和肠毒血症三联苗。如羊群还要预防羔羊痢疾，可采用羔羊痢疾菌苗，或用羊厌气菌氢氧化铝甲醛五联苗。

一旦发生本病，要迅速将羊群转移到干燥牧场，减少青饲料，增加粗饲料，并及时隔离病羊，抓紧治疗。同时要搞好消毒工作，对病死羊及时焚烧后深埋，以防病原扩散。

第九节　李氏杆菌病

李氏杆菌病是一种散发性传染病，家畜主要表现为脑膜脑炎、败血症和孕畜流产。我国将其列为三类动物疫病。

【病原】

本病病原是产单核细胞李氏杆菌，为革兰阳性的小杆菌，在抹片中单个分散，或两个菌排成"V"形或互相并列。现在已知有7个血清型、16个血清变种。

本菌不耐酸，pH5.0以上才能繁殖，至pH9.6仍能生长。对食盐耐受性强，对热的耐受性比大多数无芽孢杆菌强，常规巴氏消毒法不能杀灭它，65℃经30～40分钟才能将其杀灭。一般消毒剂都易使之灭活。

【流行病学】

自然发病多见于绵羊、猪、家兔，牛、山羊次之，马、犬、猫很少。许多野兽、野禽、啮齿动物特别是鼠类都易感染，且常为本菌的贮存宿主。

本病为散发性，但病死率高。各种年龄的动物都可感染发病，妊娠母畜和幼龄动物较易感。有些地区牛、羊发病多在冬季和早春。

患病动物和带菌动物是本病的传染源。由患病动物的粪、尿、乳汁、精液以及眼、鼻、生殖道的分泌液都曾分离到本菌。冬季缺乏青饲料，天气骤变，体内寄生虫或沙门菌感染，均可成为本病发生的诱因。

【临床症状】

病初体温升高1℃～2℃，不久降至常温。原发性败血症主要见于幼畜，表现为精神沉郁、低头垂耳、轻热、流涎、流鼻液、流泪、不随群行动、不听驱使。咀嚼吞咽迟缓，有时于口颊一侧积聚多量没有嚼烂的草料。脑膜脑炎多发于较大的动物，主要表现为头颈一侧性麻痹，弯向对侧，该侧耳下垂，眼半闭，以至视力丧失。沿头的方向旋转（回旋病）或做圆圈运动，不能强使改变，遇障碍物，则以头抵靠而不动。颈项强硬，有的呈现角弓反张。后期卧地，呈昏迷状，卧于一侧，强使翻身，又很快翻转过来，直到死亡。病程短的2～3天，长的1～3周或更长。成年动物临床症状不明显，妊娠母畜常发生流产。水牛突然发生脑炎，临床症状似黄牛，但病程短，病死率很高。

【眼观病变】

有临床神经症状的患病动物，脑膜和脑有充血或水肿的变化，脑脊液增加，稍混浊，脑干变软，肝可能有小炎灶和小坏死灶。败血症的患病动物，有败血症变化，可见心内外膜出血斑点，肝脏有坏死。流产的母畜可见到子宫内膜充血以至广泛坏死，胎盘子叶常见有出血和坏死。

图2-34 病羊颈部痉挛，头弯向身体一侧

图2-35 心内膜见出血点

【诊断】

根据流行病学、临床症状和病理变化进行初步诊断，病畜如表现特殊神经症状、妊畜流产、血液中单核细胞增多；剖检见脑膜充血、水肿，肝脏有小坏死灶；组织学上脑组织有单核细胞浸润为主的血管套和微细的化脓灶等病变，可做出初步诊断。确诊需要进行实验室检查，包括病原检查、动物实验和血清学检查。

【治疗方案及应对措施】

平时需驱除鼠类和其他啮齿动物，驱除外寄生虫，不要从发病地区引入动物。发病时应实施隔离、消毒、治疗（败血型，氯霉素配合青霉素、链霉素治疗；或者青霉素与庆大霉素联合应用。牛羊李斯特菌病，磺胺嘧啶钠注射3天，再口服长效磺胺，每7天一次，3周左右可以控制）等措施，出现神经症状的病畜无明显治疗效果。

第十节　气肿疽

气肿疽，也称黑腿病或鸣疽，主要是牛的一种急性发热性传染病，其临诊病理特征是局部骨骼肌的出血坏死性炎、皮下和肌间结缔组织的浆液出血性炎，炎灶里有气体，所以按压时有捻发音。

【病原】

气肿疽梭菌为严格的厌氧菌，有周身鞭毛，能运动，革兰染色阳性，但陈旧培养中有变成革兰阴性的趋向，在体内外均可形成中立或近端芽孢，故呈纺锤状或梭状。本菌的繁殖体对干燥、高温、化学消毒剂的抵抗力不强，但芽孢的抵抗力则很强大，在土壤中可存活5年以上，干燥的感染组织中许多年，盐腌肉中2年以上；煮沸20分钟、3%福尔马林15分钟才可被杀死。

【流行病学】

本病主要发生于各种牛，其中黄牛最易感染，水牛、乳牛、牦牛、犏牛感受性较低。绵羊、山羊、骆驼和鹿发病很少。气肿疽疫区的猪，偶见发病。马属动物、肉食动物和人均不感染。

病牛是本病的传染源，但并不直接传染给健康牛，而是污染的土壤随饲料或饮水间接进入消化道而感染，或通过损伤的皮肤感染引起健康牛发病。本病通常见于3个月至4岁的牛，2岁以下的黄牛更易患病。疾病多发生于低温山谷、沿海近湖地区，全年均可发病，但以温暖多雨季节较多。

【症状】

本病潜伏期一般为2~7天，黄牛常呈急性经过，病程1~3天。体温升高、不食、反刍停止、呼吸困难、脉搏快而弱、跛行。肌肉丰满部（如臀、大腿、腰、荐、颈、胸、肩部）发生肿胀、疼痛。局部皮肤干硬、黑红，按压有捻发音，叩之有鼓音。病变也可发生于腮部、颊部或舌部，局部组织肿胀有捻发音。老龄牛患病时症状较轻。绵羊多为皮肤创伤感染，因此受伤的局部组织发生肿胀，有捻发音。

【眼观病变】

尸体因迅速腐败而高度膨胀。常从口、鼻、肛门、阴道流出带泡沫的红色液体。

骨骼肌病变最明显。病变可波及一个肌群，或仅限于个别肌肉或某一部分。病变部皮下与肌膜有多量黑红色出血点和大量暗红色浆液浸润。肌肉呈明显气性坏疽和出血性炎症变化，色黑褐，按压有捻发音，质脆，切开时流出暗红或褐色液体，内含气泡，散发酸臭气味。肌肉内有黑红色大块坏死区，其中心部较干燥，而外围结缔组织出血、水肿。肌肉切面呈海绵状，色泽不均。其他器官有出血、水肿和坏死变化。

图2-36 病死牛腹围明显膨大，角弓反张

图2-37 病死牛肛门周围皮肤明显肿胀和外翻

图2-38 病死牛心内膜有明显的出血斑点

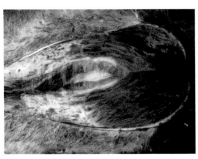

图2-39 病死牛胸部皮下严重的出血性胶样浸润。皮肤疏松结缔组织明显增厚，呈黑红色胶冻状

图2-40 病死牛左后肢皮下和肌肉间严重的出血性胶样浸润（黑腿病）

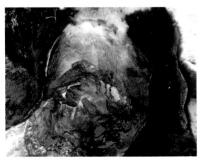

图2-41 病死牛左前肢皮下和肌肉间明显的出血性胶样浸润

【诊断】

根据流行病学、临床症状和典型病变可以做出初步诊断，确诊应做实验室病原检查。恶性水肿病的病变和本病相似，但水肿更为明显，病变的发生同局部创伤有关，病原主要为腐败梭菌。牛炭疽的肌肉虽有出血和水肿，但病变部

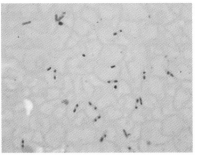

图2-42 病死牛肌肉触片，见两端钝圆的气肿疽梭菌，瑞氏染色1000倍

没有严重的肌肉坏死和气泡产生，故按压时无捻发音。

【治疗方案及应对措施】

疫苗接种是控制本病的主要措施。可用气肿疽明矾菌苗或甲醛菌苗，牛皮下注射5毫升（羊1毫升），春、秋两季各注射一次。

病畜及早用抗气肿疽血清15～20毫升皮下、静脉或腹腔注射治疗，同时应用青霉素和四环素，效果更好。尸体严禁剥皮吃肉，要深埋或焚烧。

用具、圈栏与环境用3%福尔马林或0.2%氯化汞液消毒；污染的饲料、垫草与粪便均应烧毁。

第十一节　曲霉菌病

曲霉菌病是由曲霉菌属的一些真菌所引起的细菌性疾病。特征病变是在肺脏形成化脓灶或肉芽肿和胃黏膜溃疡。本病多发于家禽，羊、牛、马也能被感染。

【病原】

主要病原体为烟曲霉菌，其次为黑曲霉菌、黄曲霉菌、构巢曲霉菌，青霉菌和毛霉菌等也能感染致病。

烟曲霉菌广泛分布于自然界中，常存在于禽舍和厩舍的土壤、垫草及发霉的谷粒上。烟曲霉菌有很强的抵抗力，煮沸5分钟才能被杀灭；在普通消毒液中需1～3小时才能灭活。烟曲霉菌能产生毒素，可使实验小动物如家兔、小鼠、豚鼠等产生惊厥、麻痹和死亡。这些毒素还可导致肝硬变并诱发肝癌。

【流行病学】

本病在我国各地均有发生。曲霉菌广泛分布于自然环境中，牛、羊常因接触发霉的饲料、垫草而感染。阴湿地区发病率较高。

【症状】

初期精神沉郁，食欲减退，常卧地、不喜动。病程稍长时可见呼吸困难，以后逐渐加重。部分病畜可死亡。

【眼观病变】

病变主要位于肺脏和胃。局灶性或弥漫性化脓性肺炎和（或）肉芽肿性肺炎。前者，肺脏有大小不一的红色或深红色实变区和大小不一的黄白色结节状化脓灶；后者主要见于慢性病例，肺部可有较多灰白色质度硬实的肉芽肿结节，结节中央为干酪样坏死。鼻腔黏膜和其他器官偶尔可见肉芽肿结节。牛、羊的网胃黏膜或真胃黏膜中见局灶性坏死脱落，严重时可引起出血性溃疡灶，损伤可波及胃浆膜层。心内膜和心外膜可见出血斑点，其他组织器官可见或多或少的出血斑点。

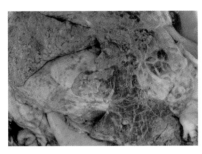

图2-43 小叶性融合性肺炎（深红色实变区）和大小不一的黄白色结节状化脓灶

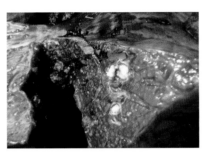

图2-44 羊霉菌性肺炎，炎灶区呈暗红色，肺细支气管内可见大量的饲料（异物性肺炎引起的曲霉菌性败血症）

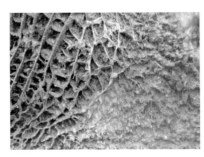

图2-45 羊霉菌性肺炎，网胃黏膜大面积溃疡

图2-46 羊霉菌性肺炎，下颌深部肌肉出血

【诊断】

根据临床症状和眼观病变诊断本病较困难，需根据组织病理学检查在化脓灶和溃疡灶内观察到真菌菌丝和化脓灶触片进行真菌检查来确诊。

【治疗方案及应对措施】

保持厩舍干燥、清洁、通风，并注意例行的卫生消毒，不使用发霉的饲料和垫草；在阴雨潮湿季节要防止霉菌孳生。发现疫情时，要迅速采取对环境消毒等措施，并可使用抗霉菌药物治疗。

第十二节　羊链球菌病

羊链球菌病，即羊败血性链球菌病，是由C群马链球菌兽疫亚种引起的一种急性热性传染病，其特征是败血症、咽后淋巴结肿大、咽喉肿胀、浆液纤维素性胸膜肺炎和化脓性脑膜脑炎。

【病原】

病原是C群马链球菌兽疫亚种，本菌呈球状，多排成链状或成双。一般致死性的链球菌其链较长，非致死性菌株则较短。有荚膜，革兰染色阳性，需氧兼性厌氧。本菌对外界环境的抵抗力较强，在−20℃条件下可生存1年以上，但对热敏感，煮沸可很快被杀死；对一般消毒药抵抗力不强，如2%石炭酸、0.1%氯化汞、2%来苏儿和0.5%漂白粉均可在2小时内被杀死。对青霉素、磺胺类药物敏感。

【流行病学】

山羊和绵羊均可感染本病，实践中山羊多发。感染途径主要是呼吸道，其次为消化道和损伤的皮肤。病羊和带菌羊是主要的传染源。本病常呈败血性经过，病菌存在于全身各组织器官，尤其呼吸道的分泌物和肺脏。疾病多发生于冬季和春季（尤其1～3月)，特别是新购进羊未隔离而直接混群后易发本病，同时气候严寒和剧变以及营养不良等因素也可促使发病和死亡。新疫区常呈地方性流行，老疫区则多为散发。发病不分年龄、性别和品种。

【症状】

病程短，一般2~4天，最急性者24小时内死亡。随体温升高，全身症状明显，如起卧不安，精神不佳，食欲减退甚至废绝，反刍停止。眼结膜充血，并有黄色黏脓性分泌物或有黄色干硬的眼眵。口腔黏膜有大小不一的溃疡灶而引起流涎，混有泡沫。鼻腔流出大量黏脓性分泌物并有污物附着。咽喉部肿胀，呼吸促迫，心跳加快。发病羊多数有明显的腹泻症状，肛门至后肢蹄部附着大量稀便。怀孕羊可流产。最后卧地不起，可出现神经症状，如头颈扭曲、磨牙、抽搐、惊厥等。

【眼观病变】

败血型：主要发生于成年羊，除全身多组织器官充血、出血、水肿和坏死的一般败血性变化外，较特征的变化有：咽喉部黏膜高度水肿，上呼吸道黏膜充血、出血，其中有淡红色泡沫状液体；全身淋巴结，尤其咽背、颌下、肩前、肺门、肝、脾、胃、肠系膜等淋巴结明显肿大、充血、出血，甚至坏死。胸、腹腔有多量浑浊的淡黄色液体，浆膜表面和淋巴结切面有半透明黏稠的胶样渗出物；肝脏肿大、质软、土黄色，胆囊胀大；脾脏肿大，质软，色紫红；大小脑蛛网膜和软膜充血和出血，增厚，脑回变平。

肺炎型：病程1~2天，主要见于羔羊。病变特征为浆液纤维素性胸膜肺炎，胸腔内有大量含有絮状纤维素的浑浊液体或灰白色丝网状黏稠的脓液。肺尖叶、心叶及膈叶下缘常与肋膜、膈膜发生纤维素性粘连。肺呈小叶性肺炎至大叶性肺炎外观，病变部暗红色，质地较实，切面较干燥，也可发生浆液纤维素性腹膜炎。

图2-47 病死羊流鼻液，口唇周围坏死，口腔大量流涎，眼周围可见黄色干燥眼眵

图2-48 病羊严重腹泻

图2-49 肺右侧副叶完全实变呈红色，表面附着大量浆液纤维素性渗出物，并与心包粘连

图2-50 心包和肺局部与胸膜粘连

【诊断】

根据临床症状和眼观病变一般可做出初步诊断，通过病变部位如肺和脑组织的细菌培养，看到单球、双球和多球状的革兰阳性菌体可确诊。

【治疗方案及应对措施】

做好预防接种和常规兽医卫生工作是预防本病发生的根本。本病发生时应采取严格封锁、隔离、消毒等措施，羊粪应堆积发酵杀菌，羊圈用3%来苏儿或1%福尔马林消毒；皮毛用盐水（含2.5%盐酸）浸泡2天；肉尸应焚烧或切成小块煮沸1.5小时。病程较缓慢的病羊用抗生素或磺胺类药物治疗。全群羊注射抗羊链球菌血清或羊链球菌疫苗有很好的预防作用。

第三章　常见寄生虫病

第一节　羊捻转血矛线虫病

羊捻转血矛线虫病，是由捻转血矛线虫寄生在羊的真胃（偶见于小肠）引起的一种危害严重的线虫病。

图3-1 真胃内羊捻转血矛线虫病

图3-2 盲肠黏膜面上的鞭虫（毛尾线虫）

【病原】

虫体似线状，红色的消化管和白色的生殖管相互缠绕，形成红白相间的外观，故称捻转线虫（俗称麻花虫）。

【生活史】

捻转血矛线虫发育不需中间宿主，虫卵在适宜的温度和湿度下，经4~5天发育成幼虫，羊吞食了含幼虫的饲草易被感染。

【症状及眼观病变】

图3-3 捻转血矛线虫虫体

病羊主要表现为贫血，精神不振，食欲减少，眼结膜苍白，消瘦，便秘与腹泻交替出现，下颌间隙水肿，心跳弱而快，呼吸次数增多，严重者卧地不起，最后因体质极度衰竭、虚脱而死。羔羊感染时，常呈急性死亡。剖检可见消化道各部有数量不等的

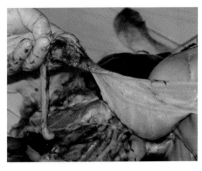

图3-4 真胃黏膜水肿，出血，有大小不等的损伤病灶

相应线虫寄生。尸体消瘦，贫血，胸、腹腔内有淡黄色渗出液，大网膜、肠系膜胶样浸润，真胃黏膜水肿，有时可见虫咬的痕迹和针尖大到粟粒大的小结节，大肠可见到黄色小点状结节或化脓性结节以及肠壁上遗留下的一些瘢痕性斑点。当大肠上的虫卵结节向腹膜面破溃时，可引起溃疡性和化脓性肠炎。

【诊断】

根据临床症状结合当地流行病学资料可做出初步诊断，确诊需要进行实验室检查，通常对症状可疑羊进行粪便虫卵检查结合尸体剖检，对捻转血矛线虫虫体形态进行鉴定。

【治疗方案及应对措施】

每年春、秋季各进行一次计划性驱虫。给羊饮干净水，粪便应堆积发酵，杀死虫卵，要常轮换放牧地，多在阳坡放牧，不放露水草，以减少虫体感染的机会。丙硫咪唑，每千克体重5~20毫克，口服。左咪唑，每千克体重5～10毫克，混饲喂给或进行皮下、肌内注射。精制敌百虫，绵羊每千克体重80～100毫克，山羊每千克体重50～70毫克。甲苯唑，按每千克体重10～15毫克，口服。

第二节　前后盘吸虫病

前后盘吸虫病，是由前后盘科的各属虫体所引起的吸虫病的总称，牛、羊吞食了含有囊蚴的水草而感染。主要表现为顽固性拉稀，粪便呈粥样或水样，腥臭，颌下水肿，严重时整个头部、全身水肿。

【病原体及其生活史】

前后盘吸虫的种类很多，虫体的大小、色泽及形态构造因其种类不同而异。寄生于牛、羊等反刍动物较常见的是鹿前后盘吸虫。成虫寄生于黄牛、水牛、绵羊、山羊等反刍动物的前胃（主要是瘤胃与网胃交接处），偶尔也见于胆管。成虫虫体呈圆锥状，背面稍弓起，腹面略凹陷，粉红色，雌雄同体。口吸盘位于虫体前端，腹吸盘（又称后吸盘）位于后端，比口吸盘大，虫体靠吸盘吸附于胃壁上。

成虫在终末宿主的瘤胃内产卵，产卵后移入肠道随粪便排出体外。卵在外界适宜的条件下，发育为毛蚴，毛蚴孵出后在水中遇到适宜的中间宿主（淡水螺类）而钻入其体内，发育成为胞蚴、雷蚴和尾蚴。尾蚴具有前后吸盘和一对眼点，尾蚴离开螺体后附着在水草上形成囊蚴。牛、羊等反刍动物吞食含有囊蚴的水草而受感染。囊蚴到达肠道后，脱囊的童虫在小肠、胆管、胆囊和皱胃内寄生并移行，经过数十天后到达瘤胃，逐渐发育为成虫。

【流行病学】

我国各地广泛存在，感染率高，感染强度大，可见多属多种虫体混合感染。流行季节主要取决于当地气温和中间宿主的繁殖发育季节以及牛羊放牧情况。南方常年感染，北方5～10月感染。多雨年份易造成本病的流行。

【临床症状】

前后盘吸虫的成虫主要吸附在牛、羊的瘤胃与网胃接合部，此时临床症状不明显。但在感染初期大量幼虫进入体内，在肠、皱胃及胆管内寄生、发育并移行，刺激、损伤胃肠黏膜，夺取营养，则对动物造成极大危害。主要症状是顽固性腹泻，粪便呈糊状或水样，且带血，恶臭，有时体温升高。病牛逐渐消瘦，精神委顿，体弱无力，高度贫血，黏膜苍白，血液稀薄，颌下或全身水肿。病程较长者呈现恶病质状态。病牛白细胞总数稍高，嗜酸性粒细胞比例明显增加，占10%～30%，中性粒细胞增多，并有核左移现象，淋巴细胞减少。到后期，病牛极度衰弱，卧地不起，衰竭而死。

【眼观病变】

肠道成虫感染的牛、羊，多在屠宰或尸体剖检时发现。虫体主要吸附于瘤胃与网胃交接处的黏膜，数量不等，呈深红、粉红或乳白色，如将其强行剥离，见附着处黏膜鲜红色、暗红色或留有溃疡。因感染童虫而衰竭死亡的牛、羊，除呈现恶病质变化外，胃、肠道及胆管黏膜有明显的变红、水肿及脱落，其内容物中可检查出童虫或虫卵。

图3-5 吸附于网胃的虫体

图3-6 网胃黏膜鲜红色、溃疡

图3-7 网胃黏膜充血和出血

【诊断】

（1）成虫寄生的诊断，可用水洗沉淀法在粪便中检查虫卵。虫卵的形态与肝片吸虫的很相似，但颜色不同。

（2）童虫，其生前诊断主要结合临床症状和流行病学资料进行推断；或用驱虫药物试治，如果症状好转或在粪便中找到相当数量的童虫，即可作出诊断。

（3）死后诊断，可根据病变及大量童虫或成虫的存在作出诊断。

【治疗方案及应对措施】

预防可采用改良当地潮湿、沼泽地带土壤，不在低洼、潮湿地放牧，灭螺，预防性驱虫，等等。

治疗时，硫双二氯酚为首选药物，也可用氯硝柳胺或溴羟替苯胺治疗。

第三节　细颈囊尾蚴病

羊细颈囊尾蚴病，是由泡状带绦虫的幼虫——细颈囊尾蚴所引起羊的一种寄生虫病。主要侵害绵羊和猪，山羊、牛、鹿等也可感染。本病在世界范围内都有发生。绵羊感染率为25%，养殖业发达的牧区多见，发病率高但致死率不高。

【病原】

细颈囊尾蚴俗称水铃铛，多悬垂于腹腔脏器上。虫体呈泡囊状，内含透明液体。囊体大小不一，自豌豆大至成人拳头大。囊壁外层厚而坚韧，是由宿主动物结缔组织形成的包膜；虫体的囊壁薄而透明。囊壁上有1个不透明、细长颈部的乳白色头节。

泡状带绦虫虫体长75～500厘米，链体由250～300个节片组成。头节上具4个吸盘，顶突上的小钩数为30～40个，分两圈排列。虫体前部的节片宽而短，后部的节片逐渐变长，到孕节则长大于宽。孕节子宫每侧的分枝数为10～16个，每个侧枝又有小分枝。子宫内为虫卵所充满，虫卵近似圆形，长36～39微米，宽31～35微米，内含六钩蚴。泡状带绦虫的成虫寄生在犬科类动物的肠道内，其孕节随终末宿主的粪便排出体外，污染周围环境，羊食入被虫卵污染的饲草、饲料及饮水后感染，六钩蚴可通过肠壁血管进入血液，随血液到达肝脏发育成熟。

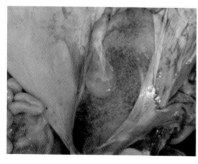

图3-8 悬垂于瘤胃浆膜面的细颈囊尾蚴

图3-9 羊腹腔内的细颈囊尾蚴（水铃铛）

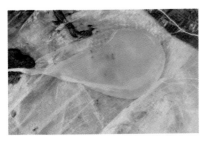

图3-10 羊腹腔内取出的细颈囊尾蚴（水铃铛）

本病一年四季均可发生，流行范围很广，有狗的地方就有本病的发生。猪的感染率为50%甚至更高，犬食入患病猪只内脏感染，排出的粪便中含有虫卵和孕节，从而造成羊的感染。这种情况在我国常见，尤其在农村小型屠宰加工场所附近常见。

【临床症状】

通常成年羊症状表现不明显，羔羊症状明显。当肝脏及腹膜在六钩蚴的作用下发生腹膜炎时，可出现体温升高，精神沉郁，腹水增加，腹壁有压痛，甚至发生死亡。经过上述急性发作后则转为慢性病程，一般表现为消瘦、衰弱和黄疸等症状。

【眼观病变】

慢性病例可见肝脏包膜、肠系膜、网膜上具有数量不等、大小不一的虫体泡囊，严重时还可在肺和胸腔处发现虫体。急性病程时，可见急性肝炎及腹膜炎，肝脏肿大、表面有出血点，肝实质中有虫体移行的虫道，有时出现腹水并混有渗出的血液，病变部有尚在移行发育中的幼虫。

【诊断】

参照临床症状，可对疑似细颈囊尾蚴病患畜做血清学检验。此外，对死亡病畜尸体剖检发现虫体时才能确诊。

【治疗方案及应对措施】

本病尚无特效疗法。由于犬类是传播病原的主要中间宿主，所以，禁止将屠宰后没有煮熟的内脏等废弃物喂狗，并要对犬只定期驱虫，可有效阻止该病的流行。对患畜的治疗可试用吡喹酮，或丙硫咪唑、甲苯咪唑治疗。

第四节　肝片吸虫病

　　肝片吸虫病，是由片形科片形属的肝片形吸虫寄生在牛、羊、鹿、骆驼等反刍动物的肝脏、胆管，引起肝炎和胆管炎为主要病症的严重寄生虫病。该病可引起幼畜和绵羊大批死亡，在其慢性病程中致使动物发育障碍、体质瘦弱、生产性能降低，造成畜牧业巨大的经济损失。

【病原体及其生活史】

　　肝片形吸虫背腹扁平，呈叶片状，活体为棕红色。虫体大小随宿主和发育情况不同而异；前端有一个三角形的头椎，椎底突然变宽形成"肩"，肩部以后逐渐变窄。体表被有小的皮棘，棘尖锐利。口吸盘位于头椎的前端，腹吸盘较口吸盘稍大，位于其稍后方，两吸盘之间有生殖孔。口吸盘底部的口孔下接咽和短的食管，两肠管向左右两侧分开，直达体后端。每条肠管内外两侧都有许多分支，外侧的分支特别发达。2个多分支的睾丸，前后纵列于虫体的中后部。每个睾丸有一条输出管，两条输出管上行汇合成一条输精管，通到贮精囊，再到射精管，其末端为雄茎。在贮精囊、射精管和雄茎外包有雄茎囊，在贮精囊和雄茎之间有前列腺。1个呈鹿角状分支的卵巢，位于腹吸盘后方的右侧。卵膜位于紧靠睾丸前方的虫体中央。在卵膜与腹吸盘之间为盘曲的子宫，充满褐色的虫卵。子宫和卵巢均与卵膜相通，卵膜外包有梅氏腺。卵黄腺分布于虫体两侧，由许多褐色小滤泡组成。左右两条卵黄管汇合为一条卵黄总管通入卵膜。虫卵呈长圆形、黄褐色，前端较窄有卵盖，后端较钝。

　　肝片形吸虫成虫在动物的胆管内产卵，随胆汁到肠内混在粪

图 3-11　肝脏胆管内取出的肝片形吸虫（压片）

便中排到外界。虫卵在适宜的温度、湿度和足够的氧气、光线的条件下发育成毛蚴，群集在中间宿主椎实螺周围，从肉足、触角、头端以及外套膜等处钻进螺体，脱去纤毛，约经3小时发育成胞蚴。胞蚴经过2周的发育在其体内形成雷蚴，一个胞蚴体内可形成5~15个雷蚴。经3~4周，雷蚴发育成母雷蚴，体内含有子雷蚴和胚细胞。再经5~6周，子雷蚴发育成熟，由体内排出尾蚴。一个毛蚴在螺体内通过无性繁殖可以产生100~150个尾蚴，尾蚴从螺体逸出后积极在水中游动，由其成囊细胞分泌黏液将虫体包被起来，尾部脱落，形成囊蚴。囊蚴多黏附在水生植物上，有的漂浮在水面上。牛、羊等终末宿主由于采食了水生植物或饮入含囊蚴的水而感染。幼虫在终末宿主十二指肠内从包囊逸出，穿过肠壁进入腹腔，再经肝被膜钻入肝脏，经一段时间移行后进入胆总管，在感染后75~85天发育至性成熟。

【流行病学】

肝片形吸虫呈世界性分布，是我国分布最广泛、危害最严重的寄生虫之一。肝片吸虫病遍及全国，但多呈地方性流行。

肝片形吸虫的终末宿主范围很广，主要寄生于各种家养和野生的反刍动物，猪、马、驴亦可感染，也有人被感染的报道。

片形吸虫中间宿主的分布和密度是影响片形吸虫病流行的主要因素。片形吸虫的发育需要椎实螺作为其中间宿主。我国肝片形吸虫的中间宿主要是小土螺，还有青海萝卜螺和斯氏萝卜螺。椎实螺主要分布在沼泽地、池塘、缓流小溪岸边、水渠附近以及低洼牧地的水坑中，在天气温暖、雨量充沛时大量繁殖。由于椎实螺的活动和外界环境关系密切，因此气候对片形吸虫病的流行影响很大。在我国南方地区由于气候温暖、雨量充足，感染时间没有明显的季节性。而在北方则感染的季节性较强，多发生在夏秋季节。

【症状】

除幼畜外，轻度感染不表现临床症状。严重感染时（牛250条、羊50条成虫以上）则表现明显的临床症状。

绵羊最敏感，死亡率高。

急性型（童虫移行期）：短时间内吞食大量囊蚴（2000个以上）后2～6周时发病，多发于夏季末、秋季及初冬季节，病势猛，突然倒毙。病初表现为体温升高、精神沉郁、食欲减退、衰弱易疲劳、离群落后、迅速发生贫血。叩诊肝区半浊音扩大，压痛明显，有腹水。严重者在几天内死亡。

慢性型（胆管寄生期）：吞食中等量囊蚴（200～500个）后4～5个月时发生，多见于初春季节。其特点是逐渐消瘦、黏膜苍白或带黄、被毛粗乱，易脱落、眼睑、颌下及胸下水肿和腹水。母羊乳汁稀薄，妊娠羊往往流产。部分羊因恶病质而死亡。其余的可拖至天气转暖，牧草返青后逐渐好转。

牛多为慢性经过，犊牛症状明显。如果感染严重、营养状况欠佳，也可能引起死亡。病畜逐渐消瘦、被毛粗乱、易脱落、食欲减退、反刍异常，继而出现周期性瘤胃膨胀或前胃弛缓、下痢、可视黏膜苍白、水肿，母牛不孕或流产。乳牛奶产量减少和质量下降，如不及时治疗，则因恶病质而死亡。

【眼观病变】

虫体在肝脏移行造成肝脏损伤和肠壁破坏，表现为肝脏肿大、被膜有纤维素沉积、出血，肝脏实质内有红色虫道，虫道内可见凝血块和虫体。

虫体进入胆管后，表现为胆管炎、慢性肝炎和贫血。早期肝脏肿大，以后萎缩硬化。虫体多时，引起胆管扩张，管壁增厚，甚至堵塞。病情严重时，胆管如绳索样凸出于肝脏表面，胆管内膜粗糙，胆汁浓缩。

【诊断】

据临床症状、流行病学资料等进行综合分析，可做出初步诊断。确诊还需采用粪便检查、死后剖检和免疫诊断等方法。

图3-12 肝脏被膜下见肝片形吸虫幼虫移行引起的肝损伤和钙化的病灶

【治疗方案及应对措施】

治疗片形吸虫病的药物很多，可根据具体情况选用。

硝氯酚，粉剂，牛3～4毫克/千克体重，绵羊4～5毫克/千克体重，一次口服；针剂，牛0.5～1.0毫克/千克体重，绵羊0.75～1.0毫克/千克体重，深部肌内注射，适用于慢性病例，对童虫无效。

丙硫苯咪唑，牛20～30毫克/千克体重；羊10～15毫克/千克体重，一次口服。本药不仅对成虫有效，而且对童虫也有一定的疗效。

三氯苯唑（肝蛭净），牛10～15毫克/千克体重，羊8～12毫克/千克体重，一次口服，对成虫和童虫都有杀灭作用。

双乙酰胺苯氧醚（卡利节），本药只适用于羊，120～150毫克/千克体重，一次口服，对幼龄童虫有很好的驱杀作用，对成虫疗效欠佳。

预防本病应根据流行病学特点采取定期驱虫、计划轮牧、消灭中间宿主、加强饲养管理和卫生管理等综合措施。

第五节　泰勒虫病

泰勒虫病，是由泰勒虫科泰勒虫属的血液原虫引起的一种蜱传性疾病。本病的主要临床病理特征为贫血、出血，体表淋巴结肿大，高热稽留，衰竭，牛病死率为40%（本地牛）～60%（引进牛）。

【病原体及其生活史】

牛泰勒虫病主要是由环形泰勒虫，其次由瑟氏泰勒虫所致。羊泰勒虫病病原体主要为山羊泰勒虫和绵羊泰勒虫。

牛是泰勒虫的中间宿主，虫体在牛体内进行无性繁殖；蜱是终末宿主，虫体在蜱体内进行有性繁殖。

感染泰勒虫的蜱在牛体表吸血时，将唾液腺中的子孢子注入牛体内。子孢子先在局部淋巴结的网状内皮细胞和淋巴细胞内进行裂体增殖，形成大裂殖体。大裂殖体发育成熟，破裂成许多大裂殖子，大裂殖子又侵入其他网状内皮细胞和淋巴细胞内，重复上述裂体增殖过程，并可循血液循环，转移到机体的其他组织和器官内。

无性繁殖经过数代后，有些大裂殖子在网状内皮细胞和淋巴细胞内发育为小裂殖体（有性生殖体），当其成熟破裂则形成许多小裂殖子，后者侵入红细胞内变成雄性或雌性配子体。此时，在血片检查时可见红细胞内有环形、椭圆形、杆状、逗点形或十字形的虫体。

蜱幼虫或若虫吸食牛血时配子体即侵入蜱体内。在脾胃肠内雌性配子体从红细胞逸出发育为大配子，雄性配子体发育为小配子，二者结合形成合子，进一步发育成动合子。当蜱完成蜕化变为成蜱时，动合子进入唾液腺的腺细胞内发育为孢子体并分裂产生许多子孢子，进入唾液腺腺管。当蜱吸食牛血时子孢子即侵入牛体。

【流行病学】

牛和带虫牛是传染源，而蜱是传播媒介，在内蒙古和东北地区能传播本病的主要是残缘璃眼蜱。这种蜱生活在牛舍内，因此本病主要流行在舍饲的牛群。本病发生于蜱活动的季节。不同年龄和品种的牛对本病均可感染，但以1～3岁的牛发病较多，其他年龄的牛也可发病。土种牛发病轻微或不发病，多为带虫牛，而从外地新引进的牛和纯种牛发病率高，病情严重，死亡率也高。

囊形扇头蜱和青海血蜱为羊泰勒虫病的传播者。1～6月龄羔羊的发病率和死亡率均较高，1～2岁羊次之，成年羊发病较少。有些地区，成年羊和羔羊的发病率和死亡率都很高，绵羊和山羊的死亡率可达40%～100%。

【症状】

牛泰勒虫病自然感染病例潜伏期为14～20天。病初，病牛体温在39.5℃～41.8℃，体表淋巴结肿大、疼痛，呼吸、心跳加快，眼结膜潮红，不久可在肩前、股前等淋巴的穿刺液涂片中发现大裂殖体，但在血液涂片中较难见到。随疾病发展，当虫体大量侵入红细胞时，病情加剧，病牛精神委顿，食欲减退，反刍减少或停止。体温升高到40℃～42℃，呈稽留热型，鼻镜干燥，可视黏膜呈苍白或黄红色，红细胞数减至$(2～3)×10^{12}$个/升，且大小不均，出现异常红细胞，血红蛋白含量也随之降低，为30～45克/升。病牛起初便秘，后腹泻，或两者交替发生，粪中混有黏液或血液，弓腰缩腹，显著消瘦，甚至卧地不起，反应迟钝，并在尾根、眼睑及其他皮肤柔嫩部位出现出血斑、点。常在病后1～2周发生死亡。

羊泰勒虫病潜伏期为4～30天，最长可达50天以上。呈急性、亚急性和慢性三种类型，急性最常见。病程持续4～50天以上，患畜体温升高达40℃～42℃或更高，呈稽留热，稽留3～10天，有的达13天以上。随体温升高而出现流鼻液，呼吸、心跳加快，精神沉郁，反刍及胃肠蠕动减弱或停止，部分病羊排出恶臭糊状粪便并混有黏液或血液；结膜初期潮红，随之出现贫血或黄疸；体表淋巴结肿大，肩前和股前淋巴结最为显著；肢体有僵硬感，行走困难。

【眼观病变】

病牛尸体消瘦，结膜苍白或黄染，血液凝固不良，颌下、肩前、股前等体表淋巴结肿大、出血。胸腹两侧皮下有出血斑和黄色胶样浸润。脾脏较正常肿大2～3倍，被膜下有出血点或出血性结节，脾髓软化呈酱红紫色。肝脏肿大，质脆，色棕黄，有灰白色结节和暗红色病灶。肾脏在疾病前期有针尖到粟粒大的灰白色结节，以后主要为粟粒大的暗红色病灶。肾上腺肿大出血。食管和瘤胃黏膜有出血点，瓣胃内容物干涸、黏膜易脱落。真胃黏膜肿胀，有出血斑点和大小不等的圆形溃疡，其中央凹陷色红，边缘隆起。淋巴结明显肿大，切面色灰红，有出血。肠系膜有出血和胶样浸润。心内外膜、肺胸膜、气管和咽喉部黏膜均有出血斑点或出血性结节。此外，泰勒虫性结节还可见于皮肤、肌肉、脑皮质、卵巢、睾丸等组织器官。

病羊尸体消瘦，可视黏膜苍白，血液稀薄，皮下脂肪胶样水肿，有点状出血。全身淋巴结有不同程度的肿胀，尤以肩前、颌下、股前、肠系膜、肝和肺淋巴结明显，切面多汁、出血，甚至可见灰白色结节。肝肿大、质脆，表面有散在或密集的粟粒大灰黄色结节。脾微肿大，被膜有出血斑点，脾髓暗红，呈稠糊状。胆囊胀大，肺水肿。肾脏呈黄褐色，质地软而脆，表面有灰黄色结节和出血斑点。

【诊断】

根据流行病学、临床症状和尸体剖检病变可以做出初步诊断，淋巴结穿刺液和血涂片检查发现泰勒虫，即可确诊。

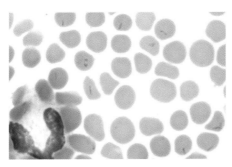

图3-13 牛血涂片，牛泰勒虫×1000倍

【治疗方案及应对措施】

治疗坚持早确诊、早治疗的原则。临床上使用贝尼尔、磷酸伯氨喹啉、阿卡普林、纳嘎宁和咪唑苯脲有效。

预防本病的关键是灭蜱。每年用0.2%～0.5%敌百虫或0.33%敌敌畏水溶液喷洒动物舍的墙缝和地缝，消灭越冬的幼蜱。春季用药物喷洒牛体或羊药浴，以消灭体表的蜱，放牧可避开蜱的活动季节。

第六节　脑包虫病

脑包虫病，又称脑多头蚴病，是由多头带绦虫的幼虫——脑多头蚴寄生于羊、牛脑或脊髓内而引起的一种疾病。多见于2岁以下的绵羊。

【病原体及其生活史】

脑多头蚴为乳白色囊状，由豌豆到鸡蛋大，囊内充满液体。囊壁由两层膜组成，外膜为角质层，内膜为生发层，其上有100～250个原头蚴，每个原头蚴直径为2～3毫米。

多头带绦虫呈扁平带状，长40～100厘米，由200～250个节片组成，最大宽度为5毫米，头节上有4个吸盘，顶突上有22~32个小钩，排成两圈。孕节的子宫内充满虫卵，子宫侧支为14~26对。卵呈圆形，内含六钩蚴。

成虫寄生于终末宿主犬、狼、狐狸等肉食兽的小肠内。其孕节脱落后随粪便排出体外，虫卵逸出，污染草料或饮水，当其被羊、牛食入，六钩蚴逸出并钻入肠黏膜血管，随血流到达脑脊髓，经2~3个月发育为多头蚴。当犬、狼等肉食兽吞食含有多头蚴的脑或脊髓，原头蚴便附着于小肠壁上并发育为成熟的绦虫。

【流行病学】

本病分布很广，我国各地均有报告。西北、东北和内蒙古多呈地方性流行。2岁前的羔羊多发。牧羊犬是主要传染源。虫卵对外界的抵抗力很强，在自然界可长时间保持生命力，但在烈日暴晒下很快死亡。

【症状】

疾病初期，六钩蚴的移行，机械地刺激和损伤宿主脑膜和脑实质，引起脑膜炎和脑炎。此时，可出现体温升高，呼吸、脉搏加快，兴奋或沉郁，有前冲后退和躺卧等神经症状，动物常于数天内死亡。如能耐过转为慢性，则病羊精神沉郁，食欲不佳，反刍减弱，逐渐消瘦。数月后，随着多头蚴包囊的增大，压迫脑组织不同部位而出现相应的神经症状；若压迫一侧大脑半球，则常向另一侧做转圈运动，即回旋运动；若寄生于脑前部则可能头下垂，直向前运动，脱离羊群，难以回转，遇障碍物时头抵此物而呆立；若寄生于大脑后部时，头高举后仰或做后退运动，甚至倒地不起，头颈肌肉痉挛；寄生于小脑时，病羊神经过敏，易受惊，步态蹒跚，失去平衡。也可因寄生部位与包囊大小各异而出现更复杂的症状。

【眼观病变】

急性死亡的病羊有脑膜炎与脑炎病变，还可见六钩蚴移行时的弯曲伤痕。慢性病例剖检时，可在脑或脊髓组织中找到1个或数个多头蚴囊泡。当其位于脑表面时，与之接触的头骨会变薄、变软，甚至使局部皮肤隆起。

图3-14 病羊神经症状，不能站立，头向右后扭曲

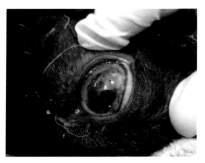

图3-15 病羊眼结膜充血

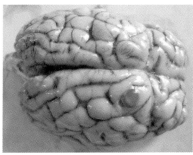

图3-16 病羊右侧大脑表面可见一多头蚴囊泡

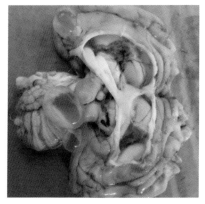

图3-17 病羊左侧大脑（1个）和小脑（2个）可见多头蚴囊泡

图3-18 病羊大脑见1个多头蚴囊泡，其间有大量原头蚴（小白点）

【诊断】

死前要根据流行特点、特殊症状和头部触诊综合判断，死后根据病理变化可做出诊断。

【治疗方案及应对措施】

对牧羊犬定期驱虫，排出的粪便或虫体应深埋或烧毁。防止犬或其他肉食兽食入带有多头蚴的羊、牛脑与脊髓。对脑表层的虫体可施行外科手术摘除。药物治疗可用吡喹酮或氯硝柳胺，早期有较好效果。

第七节　住肉孢子虫病

住肉孢子虫病，是由住肉孢子虫寄生于肌肉中引起的一种人畜共患病。一般无临床表现或仅有轻微症状，如食欲减退、逐渐消瘦、贫血等。

【病原体及其生活史】

住肉孢子虫属于住肉孢子虫科、住肉孢子虫属。根据其寄生的宿主不同，将其命名为不同的种，如牛住肉孢子虫、羊住肉孢子虫等。各种住肉孢子虫的形态结构基本相同。寄生于肌肉组织中的虫体呈包囊状物（孢子囊），与肌纤维平行，多呈纺锤形、卵圆形、圆柱形等，灰白或乳白色，小的肉眼无法看到，大的可长达1厘米到数厘米。孢子囊又称米氏管，囊壁由两层构成、外层较薄，为海绵状结构，其上有许多伸入肌肉组织中的花椰菜样突起；内层较厚，并向囊内延伸，将囊腔分隔成若干小室。发育成熟的孢子囊，小室中有许多个肾形、镰刀形或香蕉形的滋养体。滋养体又称雷氏小体，一端微尖，一端钝圆，核偏于钝端，脑浆中有许多异染颗粒，孢子囊的中心部分无中隔和滋养体，被孢子虫毒素所充满。

住肉孢子虫是一种二宿主寄生虫，草食动物或杂食动物是中间宿主，而犬、猫等肉食动物为终末宿主。肉食动物食入含有住肉孢子虫囊的肌肉后，虫囊在体内被消化，囊内的缓殖子或裂殖子被释放进入肠腔。后经吸收作用又进入肠上皮细胞中，形成大小不等的雌、雄配子，雌、雄配子经一段时间后，相互靠近而发生受精作用，此时就形成了合子。合子再继续发育，其表面会形成一层壁，此时的合子称为卵囊。卵囊继续发育而进入肠固有层，形成两个孢子囊，每个孢子囊内有4个子孢子。卵囊因壁薄而容易破裂，因此，孢子囊被释放出就进入肠腔，随粪便排出体外。带有成熟孢子囊的粪便如得不到及时清除，会污染中间宿主的饮水和饲料，牛、羊等草食动物食入带有孢子囊的粪便污染的饲料和饮水后，孢子囊经消化释放出子孢子，子孢子在中间宿主的血管内皮细胞中进行增殖，形成裂殖子，裂殖子在肌肉处形成住肉孢子虫包囊。

【流行病学】

住肉孢子虫病流行很广，我国广东、湖南、湖北、陕西、甘肃、新疆、青海等地有水牛、牦牛和绵羊住肉孢子虫的报道。被带虫粪便污染的饲草（料）和饮水等都是本病的传染源。饮食是主要传播方式。该病的感染率较高，世界各地屠宰的家畜中，牛的总感染率为29%～100%，绵羊为28%～100%。

【症状及眼观病变】

一般无临床症状，严重感染时可出现消瘦、贫血、营养不良等非特异性症状。

宰后检验时，呈囊状的住肉孢子虫主要寄生于肌肉组织，如心肌、舌肌、咬肌、膈肌，也可寄生于食管外膜甚至脑组织。如虫体死亡、钙化，则呈灰白色斑点硬结，或为不明显的斑纹。

【诊断】

该病生前难以确诊，但可以用横纹肌孢子虫体和虫囊进行检验。同时，检验机体内有无住肉孢子虫毒素可作为辅助诊断。死后可用病理学诊断法。

【治疗方案及应对措施】

目前尚无特效药物，氨丙啉、氯苯胍等抗球虫药可用于本

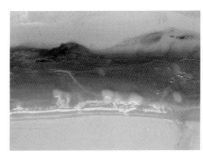

图3-19 羊食管浆膜面可见灰白色囊状住肉孢子虫

病的治疗，但效果并不理想。预防的原则是切断传播途径，如隔离中间宿主和终末宿主，防止动物粪便污染饲料和饮水，尽可能地避免给狗等肉食类动物喂食被住肉孢子虫感染的牛羊肉，坚持对屠宰时发现已被住肉孢子虫感染的肉、脏器和其他组织进行剔除和焚烧等是有效的预防措施。同时应加强卫生管理及检疫工作，严防传染源进入牛、羊的活动区。

第八节　羊蜱蝇

羊蜱蝇，也称绵羊虱蝇，主要寄生于绵羊体表的一种吸血性寄生虫。在中国活动地区相对较少，目前只报道于西藏、青海、新疆、云南和延边地区。

【病原体及其生活史】

羊蜱蝇隶属双翅目、虱蝇总科、虱蝇科、蜱蝇属。成蝇呈灰褐色，长为4～6毫米，无翅，体表呈革质，密被细毛。头短而宽，与胸部紧密相接，不能活动，具有穿刺性口器。复眼小，椭圆形，两眼间距大。触角短，胸部暗褐色。腹部较大，呈卵圆形，淡灰褐色。有三对粗壮的肢，每肢均有强壮的爪。

图3-20 羊蜱蝇（右）及其蛹（左）

图3-21 羊蜱蝇背部

图3-22 羊蜱蝇腹部

【流行病学】

绵羊是羊蜱蝇的主要宿主，目前已观察到在更大范围内家畜（山羊和狗）和野生动物（青海藏羚羊，欧洲野牛、野兔和红狐狸）以及人感染羊蜱蝇。在受侵袭的羊群中，所有个体可能持续地被寄生。调运羊只、混群放牧、拥挤的羊群以及母羊与羔羊之间的直接接触使

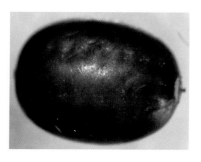

图3-23 羊蜱蝇蛹

其发生传播。四季生殖，但气候与其他因素影响羊蜱蝇的生存，如春季剪毛、夏季皮肤高温不适于其生存。秋冬季外界环境则创造了适宜羊蜱蝇繁殖的皮肤温度，这样导致羊蜱蝇群体数量夏季下降而冬季上升，冬季感染区每只绵羊的蝇数可达到300~400只。

【临床症状与病变】

羊蜱蝇多寄生于绵羊颈、胸、臀与腹部的皮肤上，引起宿主烦扰不安，采食减少而生长停滞，不同程度的贫血、皮肤损伤造成慢性皮炎。患羊咬、踢与蹭受侵皮肤机械地损伤羊毛，造成被毛磨损、干燥、粗乱、断裂而脱落导致羊毛损失，从而减少肉和毛的产量。根据羊蜱蝇传播的不同病原，以及皮肤受损区域侵染不同细菌或皮肤蝇蛆等而表现为相应临床表现。

【诊断】

根据羊蜱蝇及其蛹外部形态进行识别，必要的时候可结合分子生物学进行鉴定。

【治疗方案及应对措施】

剪毛是有效的防治措施。各种菊酯类杀虫药对成虫有较好的杀灭作用，建议间隔 25~30 天重复用药多次，可达到根除目的。服用或注射伊维菌素或氯氰柳胺也能收到良好的效果。

第九节　羊狂蝇蛆病

羊狂蝇蛆病，又称羊鼻蝇蛆病，是由羊狂蝇幼虫寄生于羊鼻腔及其附近腔窦引起的慢性炎症，我国北方地区普遍存在，流行严重地区的绵羊感染率可高达 80%。

【病原体及其生活史】

病原体为狂蝇科狂蝇属的羊狂蝇的幼虫。成虫体长 10~12 毫米，色淡灰，形似蜜蜂，头大色黄，体表密生短细毛，有黑斑纹，翅透明，口器退化。第 1 期幼虫长 1 毫米，色淡白，体表丛生小刺；第 2 期幼虫长 20~25 毫米，形椭圆，体表刺不明显；第 3 期幼虫（成熟幼虫）长 28~30 毫米，色棕褐，前端尖，有两个黑色口前钩；背面隆起，无刺，各节上具有深棕色横带；腹面扁平，各节前缘具有数列小刺；后端齐平，有两个黑色后气孔。

羊狂蝇成虫多出现于每年 7~9 月。雌雄交配后，雄蝇死亡，雌蝇生活至体内幼虫形成后，冲向羊鼻，在鼻孔内外生产幼虫（每次产幼虫 20~40 只），每只雌虫数天内可产幼虫 500~600 只，随即死亡。第 1 期幼虫迅速爬入鼻腔或附近腔窦，经两次蜕化，变为第 3 期幼虫，再移向鼻孔，随羊打喷嚏时，幼虫被喷出，落地入土变为蛹。蛹期 1~2 个月，最后从蛹中羽化为成蝇，成蝇寿命 2~3 周，每年繁殖 1~2 代。

【临床症状与病变】

成虫侵袭羊群产幼虫时，羊群骚动，惊慌不安，互相拥挤，频频摇头、喷鼻，将鼻孔抵于地面，或将头掩藏于其他羊的腹下或腿间，羊只采食和休息受到严重扰乱。

幼虫在鼻腔移动或在鼻腔、鼻窦、额窦附着时，其口前钩和腹面小刺可机械刺激、损伤黏膜，引起发炎、肿胀、出血，故流出浆液性、黏液性、脓性鼻液，有时带血。鼻液干涸成痂，堵塞鼻孔，影响呼吸，病羊表现喷鼻、甩鼻子、摩擦鼻部、摇头、磨牙、眼睑肿胀、流泪、食欲减退等症状。数天后症状有所减轻，但发育到第3期幼虫并向鼻孔移动时，又使症状加剧。少数第1期幼虫可进入颅腔，损伤脑膜，或引起鼻窦炎而累及脑膜，均可使羊出现神经症状，如运动失调、旋转运动等。

【诊断】

根据症状、流行特点和剖检结果可做出结论。为了生前早期确诊，可用药液喷入羊鼻腔，以观察鼻腔喷出物中的死亡幼虫。

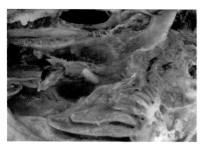
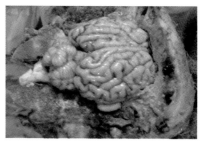

图3-24 鼻腔内见羊狂蝇幼虫，鼻腔黏膜充血　　图3-25 羊鼻蝇蛆幼虫进入颅腔

【治疗方案及应对措施】

在本病流行严重地区，应重点消灭幼虫。每年夏秋季节，定期用1%敌百虫喷擦羊的鼻孔；伊维菌素2.0毫克/千克体重，配成0.1%溶液皮下注射。

第十节　蜱

蜱，是一类寄生于多种脊椎动物体表的吸血节肢动物，也是仅次于蚊的人类疾病第二大传播媒介，俗称草爬子、狗豆子。包括3科，最常见、危害最大的为硬蜱科，其次为软蜱科，纳蜱科仅在非洲南部发现1种。目前，世界上蜱类至少有3科18属899种。其中，中国至少有2科10属117种，分布极其广泛，危害极其严重。

【病原体及其生活史】

成虫在躯体背面有壳质化较强的盾板，通称为硬蜱，属硬蜱科；无盾板者，通称为软蜱，属软蜱科。硬蜱多数呈红褐色，未吸血时背腹扁平呈长卵圆形，芝麻或米粒大，成虫体长2～10毫米；饱血后胀大如赤豆或蓖麻籽状，大者可长达30毫米；眼一对或缺；硬蜱头、胸和腹融合在一起，不可分辨，按照外部器官功能和位置分假头和躯体两个部分；雄蜱的盾板几乎覆盖着整个背面，雌蜱的盾板则仅占体背前部的一部分，有的蜱在盾板后缘形成不同花饰称为缘垛。软蜱虫体扁平，卵圆形或长卵圆形，体前端较窄。未吸血时灰黄色，饱血后灰黑色。饥饿时大小、形态似臭虫，饱血后体积增大，但不如硬蜱明显。雌雄形态极其相似，雄蜱较雌蜱小，雄性生殖孔为半月形，雌性生殖孔为横沟状。

蜱是不完全变态的节肢动物，生活史指的是雌蜱开始吸血到下一代成蜱蜕出，即：卵、幼虫、若虫和成虫四个阶段，且各时期均需要在宿主身上吸血，完成一个世代所需时间随蜱种类和环境条件而异。各个发育阶段对温度、湿度等气候变化有不同的适应能力，而且有较强的耐饥饿能力。蜱的活动有明显的季节性，其分布与气候、地势、土壤、植被和宿主等有关。

多数硬蜱在动物体上交配，交配后饱血雌蜱落地，爬到缝隙内或土块下静伏不动产卵；幼蜱孵出后，爬到动物体上吸血，蜕化为若蜱，若蜱再吸血蜕化为性成熟的雌雄成蜱；饱血蜱体积增大明显，尤其雌蜱；雌蜱产卵后1～2周死亡；根据幼虫、若虫、成虫在吸血和发育过程中更换宿主的多少，分为一宿主蜱、二宿主蜱和三宿主蜱。软蜱生活在动物舍缝隙、巢窝和洞穴等处，当动物夜间休息时，侵袭叮咬动物吸血。一生产卵数次，每次吸血后都要产卵，每次产卵数量不等。多数为多宿主蜱，若蜱变态期次数和每期的持续时间取决于其宿主动物种类、吸血时间和饱血程度，变态期的变化受外界温度影响较大，软蜱具有惊人的耐受饥饿能力，其寿命可达5～7年，甚至15～25年。

【临床症状与病变】

蜱吸食宿主大量血液，引起宿主贫血、消瘦、发育不良、皮毛质量降低以及产乳量下降等，而且蜱的唾腺能分泌毒素，可使宿主皮肤产生水肿、出血厌食、体重减轻和代谢障碍等，分泌神经毒素的可使动物发生瘫痪，更重要的是蜱是多种病原微生物的传播媒介或贮存宿主。

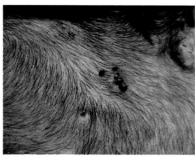

图3-26 正在叮咬动物吸血的硬蜱

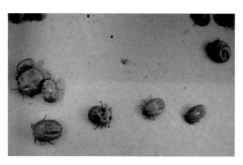

图3-27 饱血和正在产卵的硬蜱

图3-28 硬蜱背面

图3-29 硬蜱腹面

图3-30 钝缘软蜱背面和腹面　　　图3-31 锐缘软蜱背面和腹面

【诊断】

根据宿主临床症状和蜱形态特征进行鉴定，必要的时候可结合分子生物学进行鉴定。

【治疗方案及应对措施】

应该在充分调查各种蜱的生活习性（消长规律、滋生场所、宿主范围、寄生部位等）的基础上，因地制宜采取综合性防治措施控制蜱。具体可以通过捕捉、化学药物喷涂或药浴等方法消灭畜体上的蜱，另外可以多种方法结合消灭畜舍和自然界中的蜱。

第十一节　螨病

螨病，是由螨虫寄生于牛羊皮肤而引起的一种慢性寄生虫性皮肤病。牛羊螨病又称牛羊疥癣病。特征症状为剧痒、脱毛、皮肤发炎并形成痂皮或脱屑。本病分布广泛，我国东北、西北、内蒙古地区比较严重，多发生于秋末、冬季和初春。

【病原】

螨虫包括疥螨属和痒螨属的各种螨。

疥螨：形体很小，肉眼难以看到。背面隆起，腹面扁平，浅黄色，半透明，呈龟形。虫体前端有一咀嚼式口器，无眼。其背面有细横突、锥突、圆锥形鳞片和刚毛，腹面具4对粗短的足。雌螨第一、二对足，雄螨第一、二、四对足的跗节末端各有一带长柄的膜质的钟形吸盘。

痒螨：比疥螨大，呈长圆形，灰白色，肉眼可见。虫体前端有长圆锥形刺吸式口器，背面有细的线纹，无鳞片和棘。腹面有4对长足，前两对比后两对长。雌螨第一、二、四对足，雄螨第一、二、三对足有跗节吸盘。

【生活史】

疥螨的发育属不全变态，包括卵、幼虫、若虫和成虫四个阶段，全部发育过程都是在牛羊皮肤内完成的。成螨以其咀嚼式口器，钻入寄主表皮内挖凿隧道，以角质层组织和渗出的淋巴液为食，在隧道内进行发育、繁殖，雌螨每2~3天产卵一次，一生可产40~50枚卵。卵经3~8天孵出幼虫，活跃的幼虫爬离隧道到达皮肤表面，再钻入皮内造成小穴，生活于其中并蜕皮变为若虫，若虫分大小两型，小型的蜕皮变成雄螨，大型的蜕皮变成雌螨。雄螨交配后即死亡，雌螨能存活4~5周。疥螨整个发育过程平均约15天。

痒螨的发育阶段与疥螨相似，但雄螨为一个若虫期，而雌螨为两个若虫期。痒螨以其刺吸式口器寄生在牛羊皮肤表面，以吸食淋巴液、渗出液为食。雌螨在皮肤上产卵后约经3天孵出幼虫。幼虫采食24~36小时进入静止期蜕皮成为第一若虫，再采食24小时经静止期蜕皮变为雄螨或第二若虫，雄螨通常以其肛吸盘与第二若虫躯体后部的一对瘤状突起相接触，约需48小时，第二若虫蜕皮变为雌螨。雌雄螨交配之后，雌螨开始产卵，一生可产40多枚，卵的钝端有黏性物质，可牢固地粘在皮屑上，雌螨寿命为30~40天。痒螨整个发育过程为10~12天。

【流行病学】

牛羊螨病主要是通过病畜与健畜直接接触传播的，也可通过被螨及其卵污染的围舍、用具造成间接接触感染。此外，饲养员、牧工、兽医的衣服和手也可能引起病原的扩散。

本病主要发生于秋末、冬季和初春。因为这些季节日照不足，牛羊毛长而密，尤其是阴雨天气，圈舍潮湿，体表湿度较大，最适宜于螨的发育和繁殖。夏季牛羊毛大量脱落，皮肤受日光照射较为干燥，螨大部分死亡，只有少数潜伏下来，到了秋季，随气候条件的变化螨又重新活跃，引起螨病复发。

痒螨寄生于牛羊体表皮肤，本身具有坚韧的角质表皮，对环境中不利因素的抵抗力超过疥螨。如在6℃～8℃，85%～100%湿度条件下，在圈舍内能活2个月，在牧场上能活35天。

【临床症状】

牛羊螨病的特征症状为剧痒、脱毛、皮肤发炎形成痂皮或脱屑。

疥螨病多发生于毛少而柔软的部位，如山羊主要发生在唇周围、眼圈、鼻背和耳根部，可蔓延至腋下、腹下和四肢曲面少毛部位。绵羊主要发生于头部，包括唇周围、口角两侧、鼻边缘和耳根下部。牛多局限于头部和颈部，严重感染时也可波及其他部位。皮肤发红肥厚，继而出现丘疹、水疱，继发细菌感染可形成脓疱。严重感染时动物消瘦，病部皮肤形成皱褶或龟裂，干燥、脱屑，牧民称为"干疥"。少数患病的羊和犊牛可因食欲废绝、高度衰竭而死亡。

痒螨病多发生于毛密而长的部位，如绵羊多见于背部、臀部，然后波及体侧。牛多发生于颈部、角基底、尾根，蔓延至垂肉和肩胛两侧，严重时波及全身。山羊常发生于耳壳内面、耳根、唇周、眼圈、鼻、鼻背，也可蔓延到腋下、腹下。患病部位形成大片脱毛，皮肤形成水疱、脓疱，结痂肥厚。由于淋巴液、组织液的渗出及动物互相间啃咬，患部潮湿，牧民称为"湿疥"。在冬季早晨看到患部结有一层白霜，非常醒目。严重感染时，牛羊精神委顿，食欲大减，发生死亡。

【眼观病变】

在大体病变上，疥螨病以疹性皮炎、脱毛、形成皮屑干痂为特征。痒螨病以皮肤表面形成结节、水疱、脓疱，后者破溃干涸形成黄色柔软的鳞屑状痂皮为特征。

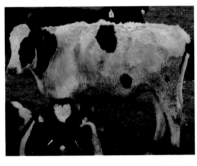

图3-32 牛疥癣病，颈部和背部可见多个脱毛区

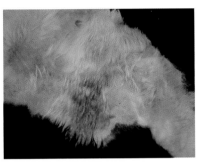

图3-33 牛疥癣病，脱毛区皮肤潮红色

图3-34 羊疥癣病，颈部和头面部皮肤形成较厚结痂，干燥，龟裂

图3-35 羊疥癣病，头颈部皮肤脱毛、脱屑明显

【诊断】

根据发病季节、症状、病变和虫体检查即可确诊。虫体检查时，从皮肤患部与健部交界处刮取皮屑置载玻片上，滴加50%甘油水溶液，镜下检查。需注意与秃毛癣、湿疹、虱性皮炎进行鉴别。

图3-36 羊钱癣，见圆形或椭圆形脱毛区

秃毛癣：又称钱癣，由真菌感染所致，头、颈、肩等部位出现圆形、椭圆形、边界明显的病变部，附有疏松干燥的浅灰色痂皮且易于剥离。取病料用10%氢氧化钠溶液处理后镜检，可见癣菌的孢子和菌丝。

湿疹：无传染性，无痒感，冬季少发。坏死皮屑检查无虫体。

虱性皮炎：脱屑、脱毛程度都不如螨病严重，易检出虱和虱卵。

【治疗方案及应对措施】

圈舍要宽敞、干燥、透光、通风良好，要定期消毒。要随时注意观察畜群，发现有发痒、掉毛现象要及时挑出进行检查和治疗，治愈的病畜应隔离观察20天，如无复发，可再次用药涂擦后方准归群。引入种畜，要加以隔离观察，确无本病再入大群。夏季绵羊剪毛后应进行药浴。

涂药疗法：适用于病畜数量少、患部面积小和寒冷季节。患部剪毛去痂，彻底洗净，再涂擦药物。可用敌百虫溶液（来苏儿5份，溶于温水100份中，再加入敌百虫5份。或用敌百虫1份加液状石蜡4份加热溶解），或敌百虫软膏（取强发泡膏100克加温溶解，加入菜籽油700毫升及克辽林100毫升，再加入敌百虫100克，混合均匀后，凉至40℃左右使用）涂擦患部。此外也可用蜂毒灵乳剂（0.05%水溶液）、溴氰菊酯（0.005%~0.008%水溶液）、杀虫脒（0.1%~0.2%水溶液）涂擦或喷洒。

药浴疗法：适用于患病羊群的治疗和预防，一般在温暖季节，山羊抓绒和绵羊剪毛后5~7天就可进行。可用0.15%杀虫脒、0.05%辛硫磷乳剂水溶液、0.05%蝇毒磷乳剂水溶液进行药浴。药液温度应保持在36℃~38℃，要随时添加药液，以确保疗效。在药浴前应先做小群安全试验。药浴时间为1分钟左右。如一次药浴不彻底，过7~8天后进行第二次药浴。

第四章 肿瘤和其他疾病

第一节 瘤胃臌气

瘤胃臌气，也叫瘤胃臌胀，是反刍动物支配前胃神经的反应性降低，收缩力减弱，采食了大量容易发酵的饲料，在瘤胃内迅速发酵，产生大量的气体，引起瘤胃和网胃急剧膨胀，膈和胸腔脏器受到压迫，呼吸和血液循环障碍，发生窒息现象的一种疾病。

【病因】

按病因可分为原发性与继发性两种类型。

原发性原因：主要由于采食大量容易发酵的饲料；食入品质不良的青贮料，腐败、变质的饲草，过食带霜露雨水的牧草等，都能在体内迅速发酵，在瘤胃中产生大量气体。特别是在开春后开始饲喂大量肥嫩多汁的青草时最危险。若奶牛误食某些麻痹胃的毒草，如乌头、毒芹和毛茛等，常可引起中毒性瘤胃臌气。另外，饲料或饲喂制度的突然改变也易诱发本病。在正常情况下，牛把瘤胃内不断产生的气体变为嗳气排出体外进行调节。可是当牛饱食后瘤胃过度扩张压迫，而使瘤胃壁的血液循环和神经系统的正常功能受阻，使特有的嗳气反射和反刍运动受到抑制。另外，平时喂给干草的牛，如果在短时间内采食了大量的含氮豆科鲜草后，会导致瘤胃内的细菌异常繁殖，在瘤胃内产生过剩的气体。因过多摄取豆科牧草而产生的气体呈泡沫性，通过嗳气难以吐出，也是产生瘤胃臌气的一个原因。

继发性原因：继发性病例主要见于前胃弛缓、创伤性网胃腹膜炎、网胃或食管沟因异物导致的炎症、因调节胃蠕动的迷走神经发生障碍所致的消化不良、食管梗塞以及食管狭窄等情况下，使嗳气反射不能正常进行时，往往反复引起轻度或中等程度的气体蓄积。继发性瘤胃臌气多发于6月龄前后的犊牛和圈养的育成牛。

【临床症状】

无论是原发性或继发性瘤胃臌气病，都表现在左侧肷部膨胀，腹壁紧张而富有弹性，叩诊呈鼓音。但是继发性的要比原发性的程度要轻，而且引人注目的只是上肷部膨胀。

原发性瘤胃臌气时，病畜表现不安，时而躺下时而站起，一会儿踢腹，一会儿打滚。而且嘴边黏附许多泡沫，表现出呼吸极度困难的状态。有发病后经过数分钟就死亡的，也有经过3~4小时未死亡的。虽然临床症状各有不同，但如果不及时治疗，病畜就会因呼吸困难窒息而死亡。

继发性瘤胃臌气时，病初瘤胃蠕动反而亢进，不久便呈弛缓状态，而且与原发性病例一样，可见到呼吸困难和脉搏数增加，可视黏膜发绀，食欲废绝。瘤胃蠕动和反刍功能减退，全身状态日趋恶化。在临床上继发性瘤胃臌气反而比原发性瘤胃臌气难以治愈，而且反复发作，不能彻底痊愈的病例也比较多见。

图4-1 病牛左腹部突出，倒地翻滚　　图4-2 病牛腹围膨大，左侧肷部突出

【诊断】

本病根据临床症状较易确诊，同时可以借助胃管检查区别泡沫性膨胀与非泡沫性膨胀，此外瘤胃穿刺也可以作为鉴别的方法。

【治疗方案及应对措施】

首先要加强饲养管理，避免突然到豆科草地去放牧；发病后要立即终止给予促进产生过剩气体的豆饼类饲料；要加强运动量，避免多给精料；在更换多汁饲料时一定要逐渐更换，避免突然改变饲料。

治疗原则是排气消胀，缓泻止酵，强心输液，健胃解毒。

病初症状较轻者，用松节油50毫升、鱼石脂15克、乙醇50毫升（羊）加水适量1次灌服。对急重症病例发生窒息危象时，应立刻采取瘤胃穿刺术，放气进行急救。但放气不能过快，以免因大脑缺血而昏迷。泡沫性臌气，可用豆油300毫升加温水500毫升用套管针注入瘤胃，或用液状石蜡500～1000毫升，松节油40～50毫升加温水内服；气体性臌气，可用鱼石脂30克、乙醇100～150毫升用套管针注入瘤胃内；如用药无效时，应立即采取瘤胃切开术，取出其中内容物。羊为以上介绍牛用量的1/5。

另外，为了防止臌气症状复发，应促使舌头不断地运动而利于嗳气，可用一根长30～40厘米的光滑圆木棒，上面涂大酱或鱼石脂放在口中，然后将两端用细绳系在牛头角根后固定，实践证明此方法既简便又有效。

第二节　产后瘫痪

产后瘫痪，又称生产瘫痪，是母牛分娩前后突然发生的以昏迷和瘫痪为主要特征的代谢性疾病，多发生于营养良好、5～9岁的高产奶牛。

【病因】

低血钙是导致产后瘫痪的主要原因。据报道，母牛随生产次数的增加，生产能力不断增强，但产后瘫痪的发病率也随之提高，泌乳量大的牛患病率更高。经测定患产后瘫痪的牛可使生产年限缩短三四年，其他代谢性疾病的发病率也明显增高。

【临床症状】

早期，表现兴奋不安，采食、排尿和排粪停止，头部和四肢震颤。以后出现四肢僵硬，站立困难，伏卧，瘫痪，头颈呈"S"形弯曲，或向后转并置于肩胛骨呈"胸卧式"姿势。后期，病牛处于高度软弱和抑制状态，心率频数而微弱，瞳孔散大，若

图4-3 病牛卧地不起，头颈至胸部呈S状弯曲

不及时治疗，常可致死。

【诊断】

根据年龄、营养状况和主要症状即可诊断。主要症状：分娩前后发病。轻者站立困难，卧地，沉郁，头颈姿势不自然，头至肩胛呈一轻度 S 状弯曲。典型症状为后躯瘫痪，不能站立，沉郁至昏睡，伏卧，四肢曲于躯干下，头弯向体侧，随之臌气和体温下降（35℃～36℃）。

本病根据主要症状即可作出诊断，必要时可检查血钙含量，该病表现为急性低血钙症〔牛血钙降低为 3.9～6.9 毫克/100 毫升（正常值为 9～12 毫克/100 毫升）〕。

【治疗方案及应对措施】

分娩前限制日粮中钙的含量和分娩后增加钙含量是预防本病的有效措施。建议在分娩前 4～5 周内，将牛日粮中的钙镁比例调整到 1∶3～1∶10；在分娩前 2～6 天，肌内注射维生素 D3 1000 万国际单位；或在分娩后 5～7 天开始将维生素 D_2 2000～3000 万国际单位，连日混入日粮饲喂，都有良好效果。治疗本病以提高血钙含量和减少钙的流失为主。可用 20%～30% 的含 4% 硼酸的葡萄糖酸钙溶液缓慢静脉注射（至少需 10～20 分钟），牛一次量为 100～200 毫升。也可将空气打入乳房，增大乳房内压，减少泌乳和血钙流失。在用乳房增压治疗时，若有乳房炎，可先用抗生素治疗。

第三节　胎衣不下

胎衣不下，也称胎衣滞留，母牛从胎儿娩出后，一般经 4～8 小时可自行排出胎衣。如经 12～24 小时以上胎衣还未能全部排出的，称为胎衣停滞。

【病因】

主要原因有两个，一是产后子宫收缩无力，主要因为怀孕期间饲料单一，缺乏无机盐、微量元素和某些维生素；或是产双胎，胎儿过大及胎水过多，使子宫过度扩张。二是胎盘炎症，怀孕期间子宫受到感染发生隐性子宫内膜炎及胎盘炎，母子胎盘粘连。此外，运动不足或某种营养素(维生素 A、微量元素硒)不足、妊娠期延长、流产和早产等原因也能导致胎衣不下。

图4-4 病牛阴门悬吊部分胎衣，另外一部分仍滞留于子宫内

【临床症状】

分为部分胎衣不下及全部胎衣不下。部分胎衣不下是指一部分从子叶上脱下并断离，其余部分停滞在子宫腔和阴道内，一般不易觉察，有时发现弓背、举尾和努责现象。全部胎衣不下即全部胎衣停滞在子宫和阴道内，仅少量胎膜垂挂于阴门外。

在胎衣不下初期，多无全身症状，经 1～2 天后，停滞的胎衣开始腐败分解，从阴道内排出污红色混有胎衣碎片的恶臭液体，并出现败血型子宫炎和毒血症，患牛表现为体温升高、精神沉郁、食欲减退、泌乳减少等。

【诊断】

产后12小时无胎衣排出或仅排出部分胎衣，即可做出诊断。

【治疗方案及应对措施】

治疗方法可分为药物疗法和手术剥离两类。药物治疗原则是促进子宫收缩，加速胎衣排出。皮下或肌内注射垂体后叶素50～100 单位。最好在产后 8～12 小时注射，如分娩超过 24～48 小时，则效果不佳。也可注射催产素10毫升（100 单位），麦角新碱6～10毫克。手术剥离时先用温水灌肠，再用0.1%高锰酸钾

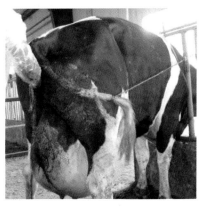

图4-5 胎衣不下，人工剥离胎衣

液洗净外阴。后用左手握住外露的胎衣，右手顺阴道伸入子宫，寻找子宫叶。先用拇指找出胎儿胎盘的边缘，然后将食指或拇指伸入胎儿胎盘与母体胎盘之间，把它们分开，至胎儿胎盘被分离一半时，用拇、食、中指握住胎衣，轻轻一拉，即可完整地剥离下来。如粘连较紧，无须慢慢剥离。操作时须由近向远，循序渐进，越靠近子宫角尖端，越不易剥离，尤须细心，力求完整取出胎衣。

当分娩破水时，可接取羊水 300～500 毫升于分娩后立即灌服，可促使子宫收缩，加快胎衣排出。

第四节　流产和死产

流产，广义是指妊娠任何阶段发生中断，狭义是指产出未成熟死胎或未达生存年龄的活胎。到分娩期产出死亡胎儿的现象称为死产。

【病因】

传染性流产：这一类是由于细菌和病毒的感染而引起的症状，特别是在传播力较强的情况下，如今能引起流产的传染性因子日益增多，已在流产的胎儿体内得到证实。在牛的传染性流产中牛胎毛滴虫病和布氏杆菌病最具代表性。另外，牛传染性鼻气管炎病毒在育成牛牧场等地，能使育成牛发生呼吸器官疾病，但往往也能引起流产。传染性流产除上述因素之外，一般认为还有由于葡萄球菌、链球菌、大肠埃希菌等常见菌引起的流产。

非传染性流产：非传染性流产的病因复杂，即使同一病因，在不同品种牛或不同个体表现也不一样。大致包括遗传、饲养管理不善、内分泌失调、创伤、母体疾病等因素。遗传因素涉及染色体畸变和基因突变造成的胚胎或胎儿缺陷，牛胚胎损失有 1/3～2/3 系遗传因素所致。由于饲养管理不善而引起的流产是最大的原因，如妊娠牛腹部的压迫、殴打、摔倒、顶伤等引起的胎盘脱离。由于气候突变，冷热的侵袭及受到惊吓和兴奋后反射地引起子宫的收缩等均可导致流产。在大量食入容易发酵、发霉、冻结发霉、冻结的饲料时引起的臌胀症和下痢，都易诱发流产。另外，还有报道某些毒物和有毒植物也能引起流产，如亚硝酸盐、松针叶、黄芪属植物和杀鼠药等。内分泌失调也可引起流产，内分泌失调指的是雌激素、孕激素、糖皮质激素、催产素和前列腺素等生殖激素的不平衡导致胚胎死亡及流产。目前所知在母体异常的时候，如严重的全身性疾病、营养不良、高热性疾患、维生素和矿物质的缺乏等也能引起流产。

【临床症状】

病牛妊娠前半期的流产，几乎什么预兆也没有就突然发生；后半期的流产，往往从引起流产的数天前就可以看到从外阴部分泌黏液及乳房肿胀的症状。

图4-6 死胎，人工助产拉出的死亡胎儿

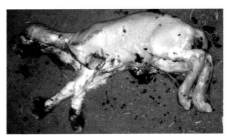

图4-7 流产，妊娠后期产出的死胎

【治疗方案及应对措施】

如果在临床上发现流产的症状以后，就已经晚了，没有阻止流产的方法。因此，作为饲养员要细心地深加注意妊娠牛日常的饲养管理，预防流产是非常重要的。怀疑传染性流产时，在观察母牛的食欲和体温等症状的同时，还要检查胎儿和胎衣的变化。对流产胎儿和胎衣要深埋和焚烧，牛舍及其用具要进行彻底消毒，以达到防止传染其他妊娠牛的目的。

治疗过程中，在流产和死产母牛体况不正常时，要进行抗生素的注射和其他必要的治疗；对怀疑传染性流产的病例，对胎儿和胎衣除进行细菌学和病毒学的检查外，还要根据需要检查母牛的血清及阴道黏液，确定流产原因；对习惯性流产的牛，从流产危险期大约1个月前，每隔1~2周注射1次黄体酮，一般能预防流产。

第五节　子宫脱出

子宫脱出，是指子宫角的一部分或全部脱出。子宫脱出多发生于胎儿产出后数小时内。

【病因】

母羊怀孕期间由于饲料及运动不足，饲养管理不良，体质虚弱，以及经产老龄羊阴道及子宫周围组织过度松弛，因而易发生子宫脱出。胎儿过大及双胎妊娠，可引起子宫韧带过度伸张和弛缓，产后也易发生子宫脱出。产道干燥，努责剧烈，助产时拉出胎儿用力过猛，

图4-8　子宫脱出，阴道外子宫暗红色

易引起子宫脱出。便秘、腹泻、子宫内灌注刺激性药液，努责频繁，腹内压升高，也可发生本病。

【临床症状】

病羊营养较差，心跳、呼吸加快，结膜发绀，烦躁不安。子宫完全脱出的病羊，由于频频努责、疼痛不安且有出血现象的，若不及时采取措施，常会发生出血性或疼痛性休克死亡。病羊子宫脱出较久，精神沉郁，常因全身衰竭而死亡。子宫脱出的三大临床特点是极痛、感染及大出血。

【治疗方案及应对措施】

平时加强饲养管理，保证饲料质量，使羊状态良好。妊娠期间，保证羊有足够的运动，以增强子宫肌肉的张力。多胎的母羊，在产后14小时内必须细心观察，以便及时发现病羊，及时进行治疗。胎衣不下时，不要强行拉出。产道干燥时，拉出胎儿之前，应给产道内涂灌大量油类润滑剂，以防子宫脱出。

治疗时可实施子宫手术，早期整复可以使子宫复原。步骤如

下，首先剥离胎衣，用3%冷明矾水清洗子宫，然后将羊后肢提起，将子宫逐渐推入骨盆腔，并使用脱宫带防止子宫再次脱出。在无法整复或发现子宫壁上有大裂口、大的创伤或坏死时，应施行子宫切除术。

第六节　子宫扭转

子宫扭转，是指整个子宫、一侧子宫角或子宫角的一部分围绕自身纵轴发生的扭转。本病多发生于妊娠末期的奶牛，发生突然，病变迅速，如不及时诊断和合理治疗，可导致母牛和胎儿死亡。

【病因】

生殖器官解剖特点造成：奶牛妊娠子宫小弯背侧由子宫阔韧带悬吊，大弯则游离于腹腔，位于腹底壁，依靠瘤胃及其他内脏和腹壁支撑，这样的解剖结构加上牛的特殊起卧方式，以致孕牛在急剧起卧时一旦滑倒或跌跤，游离在腹腔内的妊娠子宫由于惯性作用，子宫就向一侧（左或右）扭转。

妊娠子宫张力不足造成：子宫壁松弛，非妊娠子宫角体积小。子宫系膜松弛，胎水量不足易发生子宫扭转。

【临床症状】

妊娠期间发生子宫扭转，没有明显的特殊症状，母牛稍有不安，有轻度腹痛，前蹄刨地、回顾腹部，后肢踢腹。病牛背腰拱起，不时努责或表现不同程度的阵缩，但阴门不露胎儿和胎膜，食欲减退或废绝，往往误诊为消化道疾病或其他疾病。

在临产前或分娩时发生子宫扭转，病牛表现烦躁不安，频频摇动尾巴，有踏步踢腹动作，食欲废绝，阵缩或努责，但看不到胎膜、胎水和胎儿排出。

直肠检查：手伸入直肠深处，探查时发现不是直通而是转向一侧，可摸到子宫皱襞，扭转一侧的子宫阔韧带紧张，而另一侧的子宫阔韧带松弛，阴道呈螺旋形皱褶，使子宫拉紧，直肠检查偶尔能触到子宫体，胎儿都为纵向侧位或下位。

阴道检查：如果将消毒手臂伸入阴道后，在扭转程度较轻的时候，无论怎样，手都能到达子宫外口。但如果程度严重后，前方就会变得狭窄、手伸不进去，沿扭转的方向触摸阴道壁呈螺旋状的褶。

高度扭转的牛，阴唇肿胀，肿胀的状态呈椭圆形。即扭转的方向与阴唇肿大的方向相反。

【诊断】

根据临床症状，通过直肠及阴道检查较易确诊。

【治疗方案及应对措施】

临近分娩的牛突然出现无食欲或腹部膨胀时，绝不能单纯地认为是胃食滞，应通过阴道、直肠检查，查明子宫是否异常。在分娩时不表现阵痛也要进行上述检查。在妊娠末期的牛，要避免让其进行不必要的运动，要尽量让其在多垫铺草的产房内分娩。如果怀疑子宫扭转时，需要安排7~8个助手。

在治疗过程中，如果不把扭转的子宫送回到原来的状态，就达不到救护的目的。此病最普通的整复方法就是翻转母体法，即将母牛与扭转的同侧横卧（如果右侧扭转将右腹向下卧），将前肢和后肢分别用绳子绑住，将绳头留下约90厘米，每边大约用3人的力量向与扭转的相同方向迅速拉绳子使牛回转。让其回转1次安静地回到原来的横卧状态后，再一次让其急速回转。回转2~3次后，将消毒的手伸入产道检查一下是否解除了扭转。凡是在270°以下的扭转而且胎儿活着的情况下，这种方法大部分是成功的。进行这种治疗必须在宽阔的场地，稍微倾斜的草地是最理想的，冬天在积雪上也是可以的。

在扭转的程度较轻，子宫颈口张开的时候，让母牛站立，在腹下横上厚板向上抬子宫，从阴

图4-9 子宫左侧扭转，准备通过翻转救治

道或直肠内抓住胎儿的一部分来回摇动子宫，迅速向扭转的相反方向回转也能整复。

在无论怎样也整复不了、胎儿死亡时间很长的时候，要通过开腹手术进行整复或进行剖宫产取出。

第七节　直肠脱

直肠脱，是指直肠末端黏膜或部分直肠由肛门向外翻转脱出，而不能自行缩回的一种病理状态。严重的病例可在发生直肠脱的同时并发肠套叠。直肠脱发生于各种家畜，但较常见于猪、犬、牛、绵羊，而少见于马。年幼家畜发病率比成年家畜高。

【病因】

直肠脱是多种原因综合的结果。有与直肠结构及功能有关的因素，如直肠韧带松弛、直肠发育不全或营养不良、肛门括约肌松弛。其次为诱发因素，如慢性腹泻、便秘、病理性分娩、刺激性药物灌肠等引起强烈努责，腹内压增大促使直肠向外突出。此外，牛的阴道脱，仔猪维生素缺乏，猪饲料突然改变也是诱发本病的因素。

【临床症状】

直肠脱根据其脱出程度可分为两类：直肠黏膜性脱垂和直肠壁全层脱垂。直肠在病畜卧地或排粪后部分脱出，即直肠部分性或黏膜性脱垂，习惯上称为脱肛。若脱出时间较长，则黏膜发炎，黏膜下层水肿，失去自行复原的能力，在肛门处可见淡红或暗红色的圆球形肿胀。病畜频频努责，做排粪姿势。随着炎症和水肿的发展，直肠壁全层脱出，

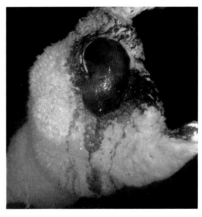

图4-10　直肠脱，部分直肠暴露于肛门外

即直肠完全脱垂。这时，可见由肛门内突出呈圆筒状下垂的肿胀物。由于脱出的肠管被肛门括约肌嵌压，从而导致血液循环障碍，水肿更加严重；同时因受外界的污染，表面污秽不洁，沾有泥土和草屑等，甚至发生黏膜出血、糜烂、坏死和继发性损伤。此时，病畜常伴有体温升高、食欲减退、精神沉郁等全身症状。

【诊断】

依据临床症状易作出诊断。但注意判断是否并发肠套叠。单纯性直肠脱，圆筒状肿胀脱出向下弯曲下垂。伴有肠套叠脱出时，脱出的肠管由于后肠系膜的牵引，而使脱出的圆筒状肿胀向上弯曲，坚硬而厚。腹部触诊可触及一段坚实、无弹性的香肠状肠管。另外，消化道钡餐X线造影，有助于对肠套叠确诊。

【治疗方案及应对措施】

应尽早整复、固定，控制引起腹压增大或努责的因素。整复方法取决于组织脱垂的程度以及是否有水肿和撕裂伤等。确认直肠完全复位后，肛门周围荷包缝合固定。对于反复发生的单纯性直肠脱，在整复后可注射药物诱导直肠周围结缔组织增生，借以固定直肠。对于肠套叠引起的直肠脱，在整复脱出肠管后，再打开腹腔进行肠套叠整复术。必要的时候需要进行直肠部分截除术加强护理，饲喂柔软饲料，多饮温水，根据病情给予镇痛、消炎等对症疗法，普鲁卡因溶液盆腔器官封闭，有助于整复后直肠功能的恢复。

第八节 乳腺炎

乳腺炎或乳房炎，是奶牛和奶山羊最常见的一种疾病，对牛羊养殖经济效益产生巨大影响。其特征是乳腺组织发生各种类型的炎症反应，乳汁的理化性质也发生改变。

【病原】

乳腺炎的主要原因是病原微生物感染，多种病原微生物均可导致乳房炎的发生，常见的有金黄色葡萄球菌、无乳链球菌、停乳链球菌、乳房链球菌、支原体、大肠埃希菌、沙门菌、坏死杆菌、铜绿假单胞菌、布氏杆菌、巴氏杆菌、变形杆菌和化脓棒状杆菌等,以及真菌中的念珠菌属荪状菌。以金黄色葡萄球菌、无乳链球菌、停乳链球菌和乳房链球菌最为重要。多数情况下,乳腺炎是多种病原混合感染所致。除了病原体外,理化因素、中毒和乳汁积滞也是引起本病的常见原因。

【流行病学】

一年四季均可发生,但多以季节交替的时候常发。多见于泌乳期,特别是在泌乳的早期。但非泌乳乳腺也可发生,夏季乳房炎是非泌乳乳腺的一种急性疾病。除了结核杆菌和布氏杆菌性乳腺炎为血源性感染外,其他细菌主要经过乳头管和乳头孔感染,也可以经消化道、生殖道或乳房外伤处感染。

【临床症状】

乳腺炎的症状因类型不同而异,共有症状是患区红、肿、热、痛,乳量减少,乳汁性状发生变化。

因病变而划分的类型。浆液性乳腺炎,乳上淋巴结肿胀,乳汁稀薄,含絮片,也可能出现全身症状;纤维素性乳腺炎,乳上淋巴结肿胀,无乳或只有少量稀薄乳汁,多由浆液性乳腺炎发展而来;化脓性乳腺炎,乳量剧减或完全无乳,乳汁水样含絮片,有较重的全身症状,数天后转为慢性,最后乳区萎缩硬化,乳汁稀薄或黏液样,乳量渐减直至无乳;乳房脓肿,是化脓性乳腺炎常见的形式,乳房中有多数大小不一的化脓灶,脓肿向皮外破溃,乳上淋巴结肿胀,乳汁黏稠,含脓性凝块;出血性乳腺炎,乳房皮肤有红色斑点,乳上淋巴结肿胀,含血样絮状物。

根据临床症状及乳汁中体细胞数量可以将乳房炎分为临床型乳房炎和亚临床型乳房炎两种,后者是目前造成奶牛养殖业经济损失的乳房炎主要类型。临床型乳房炎的患牛有乳房肿胀变硬,乳汁呈块状、絮状或变色,有的患牛出现发热、厌食甚至卧地等临床症状;亚临床型乳房炎没有典型的临床症状,主要表现为产奶量下降,乳成分发生改变,在实验室检测中可发现乳汁中体细胞数的升高。

【眼观病变】

乳腺炎病变可根据病因和发病机制分为非特异性乳腺炎和特异性乳腺炎。非特异性乳腺炎可分为：急性弥漫性乳腺炎，病区肿大、变硬，各乳区不对称，切面可因炎症性质不同而见不同的渗出性变化；慢性弥漫性乳腺炎，初期变化同急性弥漫性乳腺炎，后充满绿色黏稠的渗出物，乳腺硬化；化脓性乳腺炎，病变可侵害一个或几个乳区，局部肿胀常呈结节状，表面有时可破裂并形成瘘管，切面见大小不等的脓肿，充满白色或黄绿色带有臭味的脓液；坏死性乳腺炎，局部肿胀，暗红色，晦暗，无光泽。特异性乳腺炎，是由特定病原引起，具有特征性病变，病变因病原不同有所差异，但都可以形成肉芽肿结节。

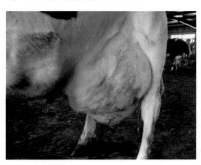 

图4-11 乳房肿胀，变硬　　　　图4-12 肿胀乳区挤出血样乳汁

【诊断】

可根据乳房的病变，产乳量和乳汁的性质，结合微生物学检查做出诊断。

【治疗方案及应对措施】

平时加强饲养管理，保持厩舍清洁，特别是乳房外部的卫生。每次挤奶前，可用干净的温水或微温的0.02%～0.03%氯盐溶液或0.0025%～0.005%的碘液清洗乳房和乳头，并进行适当按摩。干乳期防治是控制乳房炎的有效措施。定期普查隐性感染的动物，及时治疗或淘汰。

无特效疗法，多以抗生素抗菌、消炎、拮抗内毒素，改善临床症状为主。西医用药以抗菌消炎、解热镇痛为主，改善血液循环为辅。初中期宜杀菌消炎，选择用量小、疗效高且持久敏感的药物。对于症状严重的患畜，先治标救命，采用输液疗法。许多抗菌谱广的抗生素静脉注射对改善全身症状效果明显，但是由于药物从血液进入乳腺泡的速度相差很大，所以应该选用扩散入乳腺泡速度最快的药物，如林可霉素、大观霉素、四环素、泰乐菌素等。慢性型乳房炎病例，乳区病灶硬块难消，可作环行封闭式穴位注射或乳基深注、乳房灌注、药浴等措施加以改善临床表征。在应用传统抗生素疗法的同时结合中药疗法，效果明显。可内服云薹子，按牛体形态给250~300克的剂量内服，隔天1剂，3剂为1个疗程。也可内服几丁聚糖，每天15克，每天2次，拌入精料中，待吃完后再加粗料，饲喂6~8天。

第九节　角膜炎

角膜炎，是由异物、化学药品、病毒、寄生虫、维生素A缺乏等多种原因引起的角膜炎症。

【病因】

本病多因眼挫伤及创伤，灰尘、沙土等异物进入眼中，以及化学药品对眼的刺激等所引起。患某些传染病如牛传染性结膜炎、恶性卡他热、牛传染性鼻气管炎等，寄生虫病如混睛虫，以及维生素A缺乏时，亦可引起本病。

牛传染性结膜炎又名红眼病，是一种主要危害牛的急性、接触性传染病，其特征为眼结膜和角膜发生明显的炎性症状。病原为牛摩勒杆菌，主要发生于夏季，多呈地方流行性。

【临床症状】

根据发炎的深度和种类，可分为浅在性、深在性及化脓性三种角膜炎。

浅在性角膜炎：患眼羞明、流泪、疼痛，眼睑闭锁，结膜潮红、肿胀。角膜上皮肿胀、粗糙，呈无光泽的灰白色混浊。角膜周围有许多新生血管，呈树枝状伸入角膜内，形成所谓血管性角膜炎。

深在性角膜炎：角膜表面光滑，但在深层出现点状、线状或云雾状混浊，角膜周围血管充血，有明显的新生血管增生，有时虹膜可与角膜发生粘连。其余症状与浅在性角膜炎相似。

化脓性角膜炎：除了有上述的羞明、流泪、疼痛等症状外，在角膜上可见到粟粒大或豌豆大的浅黄色局限性混浊，有时可见眼前房积脓和虹膜发炎，往往可继发为化脓性全眼球炎。

创伤性角膜炎，可见有伤痕或血斑。

本病若治疗不当或延误治疗，可形成角膜翳，常导致视力的减退或丧失。

牛传染性结膜炎，在强烈阳光照射下才出现典型症状。病畜为一侧眼患病，后为双眼感染，结膜、眼睑和瞬膜明显肿胀、羞明流泪和疼痛，或在角膜上发生白色或灰色小点。严重者角膜增厚，并发生溃疡，形成角膜瘢痕及角膜翳。

图4-13 浅在性角膜炎，角膜混浊呈灰白色，难以看到晶状体

图4-14 红眼病，角膜实质突出，肿胀，充血，角膜上见白色病变区域

【诊断】

根据牛眼临床变化及是否传播和发病季节，对角膜炎原因进行诊断。诊断本病注意区别眼外伤、化学药物和异物导致的眼病、牛传染性结膜炎、恶性卡他热、牛传染性鼻气管炎等。

【治疗方案及应对措施】

治疗原则是排除病因，消炎镇痛，促进混浊的吸收和消散。

轻症时可用2%硼酸水洗眼，然后选用醋酸可的松、青霉素、四环素等眼药点眼。角膜混浊及角膜翳，可在眼睑皮下注射自家血液3毫升，隔天一次；或涂1%～2%黄降汞软膏。当继发虹膜炎时，可用0.5%～1%硫酸阿托品滴服。出现化脓性角膜炎时，除作局部处理外，应注意全身治疗，及早注射抗生素及磺胺类等消炎药物。

中兽医常采用太阳、眼脉、三江等穴位放血及用中成药八宝拨云散、冰硼散等擦眼，也可服用决明散（石决明50克，草决明、龙胆、栀子、大黄、蝉蜕、黄芩、白药子、菊花各30克共研细末，开水冲调，候温灌服）。

如果发生疫情，应立即划定疫区，隔离病牛，禁止牛只出入流动，做到早期治疗。彻底清扫消毒牛舍。在夏季要搞好灭虫及防暑工作，避免强烈阳光照射。

第十节　霉烂甘薯中毒

霉烂甘薯中毒，是牛采食一定量霉烂甘薯后，由于其毒素的吸收而引起的以呼吸困难为主要症状的中毒病。病理特征是急性肺水肿、间质性肺气肿。主要发生于种植甘薯的地区，以10月到翌年4月较为多见。

【病因】

主要是家畜采食或误食霉烂甘薯所致。黑斑病真菌寄生于甘薯，产生毒素（黑斑病毒素），有剧毒，耐热，煮沸也不能破坏。因此，采食霉烂甘薯可引起中毒。

【临床症状】

除精神沉郁、反刍停止等一般症状外，主要表现为呼吸极度困难，呼吸次数可达80～90次/分钟以上。随着病情的发展，呼吸动作加深而次数减少，呼吸音似"拉风箱"。呼气性呼吸困难明显。后期肩胛、腰背部皮下发生气肿，触诊呈捻发音。病牛张口伸舌，头颈伸展，口流泡沫性唾液，可视黏膜发绀，最终窒息死亡。

图4-15 间质性肺气肿，肺小叶间质明显增宽，内有大量气泡或气体管道

【诊断】

主要根据病史、发病季节，并结合呼吸困难、皮下气肿和肺气肿特征变化做出诊断。

【治疗方案及应对措施】

防止甘薯感染发霉，禁止用霉烂甘薯及其副产品喂牛。

尚无特效疗法。如果早期发现，毒物尚未完全被吸收，可用洗胃和内服1%高锰酸钾溶液1500～2000毫升，或1%过氧化氢溶液500～1000毫升。缓解呼吸困难，用5%～20%硫代硫酸钠注射液100～200毫升，静脉注射，亦可用输氧疗法。静脉注射等渗葡萄糖和维生素C，以增强肝肾解毒、排毒功能。本病主要症状为呼吸困难，诊断常无困难，但治疗应越早越好。

第十一节　氟中毒

氟中毒或氟病，是指无机氟随饲料或饮水长期摄入，在体内蓄积所引起的全身器官和组织的毒性损害。其特征是发育的牙齿出现斑纹、过度磨损及骨质疏松和骨疣形成。氟中毒为人畜共患病。

【病原】

慢性氟中毒是动物长期连续摄入少量氟而在体内蓄积所引起的全身器官和组织的毒性损害。主要见于以下原因：

自然环境致病：我国的自然高氟区主要集中在荒漠草原、盐碱盆地和内陆盐池周围，当地植物氟含量达40～100微克/克，有些牧草高达500微克/克以上，超过动物的安全范围。我国规定饮水氟卫生标准为0.5～1.0微克/毫升，一般认为，动物长期饮用氟含量超过2微克/毫升的水就可能发生氟中毒。

工业环境污染：某些工矿企业（如铝厂、氟化盐厂、磷肥厂、炼钢厂、氟利昂厂、水泥厂等）排放的工业"三废"中含有大量的氟，污染邻近地区的土壤、水源和植物，造成放牧动物氟中毒。一般认为家畜牧草氟含量达40微克/克可作为诊断氟中毒的指标。

长期饲喂未脱氟的矿物质添加剂，如过磷酸钙、天然磷灰石等。

【症状】

幼畜在哺乳期内一般不表现症状，断奶后放牧3～6个月即可出现生长发育缓慢或停止，被毛粗乱，出现牙齿和骨骼的损伤，随年龄的增长日趋严重，呈现未老先衰。

牙齿的损伤是本病的早期特征之一，动物在恒牙长出之前如大量摄入氟化物，随着血浆氟水平的升高，牙齿在形态、大小、颜色和结构方面都发生改变。切齿磨损不齐，高低不平，釉质失去正常的光泽，出现黄褐色的条纹和斑点，并形成凹痕，甚至牙与牙龈磨平。臼齿普遍有牙垢，并且过度磨损、破裂，可能导致髓腔的暴露，有些动物齿冠破坏，形成两侧对称的波状齿和阶状齿，甚至排列散乱，左右偏斜，下前臼齿往往异常突起，甚至刺破上颚黏膜形成口腔黏膜溃烂，咀嚼困难，不愿采食。有些动物因饲草料塞入齿缝中而继发齿槽炎或齿槽脓肿，严重者可发展为骨脓肿。当恒齿一旦完全形成和长出，它们的结构受高氟摄入的影响则较轻。

骨骼的变化随着动物体内氟的不断蓄积而逐渐明显，颌骨、掌骨、跖骨和肋骨呈对称性的肥厚，形成骨疣，发生可见的骨变形。关节周围软组织发生钙化，导致关节强直，动物行走困难，特别是体重较大的动物出现明显的跛行。在严重病例，其脊柱和四肢僵硬，腰椎及骨盆变形。

X线检查表明，骨质密度增大或异常多孔，骨髓腔变窄，骨外膜呈羽状增厚，骨小梁形成增多，有的病例有外生骨疣，长骨端骨质疏松。

动物氟中毒时肝脏、肾脏碱性磷酸酶和酸性磷酸酶活性降低，三磷腺苷酶活性升高，血清中钙水平降低，血清碱性磷酸酶活性升高，骨骼中碱性磷酸酶活性升高更加明显。

【眼观病变】

氟中毒动物表现消瘦。骨骼和牙齿的变化是本病的特征。受损骨呈白垩状，粗糙，多孔，肋骨易骨折，常有数量不等的膨大，形成骨疣。腕关节骨质增生，母畜骨盆及腰椎变形。骨磨片可见骨质增生，成骨细胞集聚，骨单位形状不规则，甚至模糊不成形，哈氏管扩张，骨细胞分布紊乱，骨膜增厚。牙齿磨损不齐，有氟斑。心脏、肝脏、肾脏、肾上腺等有变性变化。

图4-16 氟中毒，牙齿表面见黄褐色氟斑　　图4-17 氟中毒，牙齿排列散乱

【诊断】

根据疾病史、临床症状和病理变化可以做出诊断，骨骼氟含量是诊断动物氟中毒最准确的指标之一。

【治疗方案及应对措施】

慢性氟中毒目前尚无完全有效的疗法，应尽快使病畜脱离病区，供给低氟饲草料和饮水，每天供给硫酸铝、氯化铝、硫酸钙等，也可静脉注射葡萄糖酸钙或口服乳酸钙以减轻症状，但牙齿和骨骼的损伤极难恢复。

预防主要采取以下措施：对补饲的磷酸盐应尽可能脱氟，不脱氟的磷酸盐氟含量不应超过1000微克/克，且在日粮中的比例应低于2%；高氟区应避免放牧；低氟牧场与高氟牧场轮换放牧；饲草料中供给充足的钙磷；在工业污染区根本的措施是治理污染源，在短时间内不能完全消除污染的地区可采取综合预防措施，如从健康区引进成年动物进行繁殖，在青草期收割氟含量低的牧草，供冬春补饲，有条件的建立棚圈饲养等。肌内注射亚硒酸钠和投服长效硒缓释丸，对预防山羊氟中毒效果显著。

主要参考文献

［1］陈怀涛. 牛病诊疗原色图谱［M］. 北京：中国农业出版社，2008.

［2］丁伯良，等. 羊病诊断与防治图谱［M］. 北京：中国农业出版社，2003.

［3］卫广森. 羊病［M］. 北京：中国农业出版社，2009.

［4］陈怀涛. 牛羊病诊治彩色图谱［M］. 北京：中国农业出版社，2003.

［5］伍获腾，胡毓骥. 牛病［M］. 郑州：河南科学技术出版社，1983.

［6］张晋举. 奶牛疾病图谱［M］. 哈尔滨：黑龙江科学技术出版社，2002.

［7］陈怀涛. 羊病诊疗原色图谱［M］. 北京：中国农业出版社，2008.

［8］马学恩，王凤龙. 家畜病理学（第五版）［M］. 北京：中国农业出版社，2016.

［9］陈怀涛. 兽医病理学原色图谱［M］. 北京：中国农业出版社，2008.

［10］陈溥言. 兽医传染病学（第六版）［M］. 北京：中国农业大学出版社，2015.

［11］R. W. Blowey，等，齐长明主译. 牛病彩色图谱（第二版）［M］. 北京：中国农业出版社，2004.